给你三胆

——有一种勇敢叫
有胆、有识、有谋

钱静／著

中华工商联合出版社

图书在版编目（CIP）数据

给你三胆：有一种勇敢叫有胆、有识、有谋／钱静
著. -- 北京：中华工商联合出版社，2017.2
ISBN 978 - 7 - 5158 - 1899 - 3

Ⅰ. ①给… Ⅱ. ①钱… Ⅲ. ①心理学 - 通俗读物
Ⅳ. ①B84 - 49

中国版本图书馆 CIP 数据核字（2017）第 003998 号

给你三胆：有一种勇敢叫有胆、有识、有谋

作　　者：钱　静
责任编辑：吕　莺　张淑娟
封面设计：信宏博
责任审读：李　征
责任印制：迈致红
出版发行：中华工商联合出版社有限责任公司
印　　刷：唐山富达印务有限公司
版　　次：2017 年 5 月第 1 版
印　　次：2022 年 2 月第 2 次印刷
开　　本：787mm×1092mm　1/16
字　　数：261 千字
印　　张：14.5
书　　号：ISBN 978 - 7 - 5158 - 1899 - 3
定　　价：48.00 元

服务热线：010 - 58301130
销售热线：010 - 58302813
地址邮编：北京市西城区西环广场 A 座
　　　　　19 - 20 层，100044
http：//www.chgslcbs.cn
E-mail：cicap1202@ sina.com（营销中心）
E-mail：gslzbs@ sina.com（总编室）

工商联版图书

版权所有　侵权必究

凡本社图书出现印装质量问
题，请与印务部联系。
联系电话：010 - 58302915

前言 PREFACE

在当今时代，人在职场上、社会中打拼，要想做成事、成就事业、收获财富，不是仅靠勤奋和埋头苦干就能成功，更多时候拼的是能力、才智、知识、心态、心理承受能力……要做到这些，首先要有勇气，胆识、胆量、胆略是勇气的具体表现。

无论在什么时代，一个人如果没有敢于承担风险的勇气，没有雷厉风行的作风，就成不了大事。有胆识、有胆量、有胆略的人更能够把握机会，取得成功。"狭路相逢勇者胜"，这句俗语形象体现了冒险精神和承担风险的魄力。

当今时代，竞争激烈，除了智商，勇气对人来说同样重要。勇气可以在后天进行专门训练和学习，通过社会实践方法增进。勇气不是什么高深莫测的东西，通过专门训练和学习就可以提高。提高你的胆量、胆识、胆略，可以改变你的人生。

修炼自己的胆识、胆量、胆略，提高自己的抗压能力，可以使我们扬长避短，全面健康地发展。这需要坚持不懈地学习，更需要训练自己的"胆商"——这也是我们呈献给您此书的目的，希望您有所收获，早日成功。

培养勇气，比他人早一点、快一点起步，也许你就能超越他人一大步，早日接近成功。

目 录 CONTENTS

胆量篇

◉ 勇敢地走出阴霾，过去的就让它过去

人的一生中有许多坎，有些也许你一直以为自己跨不过去，但是当你真正跨过去了，你就会发现，原来那只是一道小沟渠。只有翻过昨天这一页，你才能看到明天全新的一页。有些事，你自己放下了，就是给了自己一条"生路"。

王明曾经是一个"瘾君子"，但现在已成为互助自强社会服务总社的一名成员。从受人帮助到帮助他人，王明一路走来有太多的感触："有些事情很难想象，过去我从没想过我能走出那种境况，更没想过戒毒之后会过上现在这样幸福的生活。"

20世纪70年代末，初中毕业的王明顶替父亲进了一家工厂成为一名工人。可年轻的王明并不安分守己，他时常与人打架，甚至还被拘留过。

这样浑浑噩噩地过了几年之后，王明看着身边的朋友努力工作，

他忽然发现原来自己什么都没有。好强的王明决心要学一门手艺，于是他在工作之余开始跟着一个师傅学起了厨艺。聪明好学的王明没用几年的工夫就考取了二级厨师证书，开始追寻他的厨师梦。

20世纪80年代初，有一技之长的王明在一家饭店做起了厨师，他不仅做得一手好菜，还非常有经济头脑，在做厨师的同时还兼做水产生意。生活很忙碌，王明却很快乐，因为他是在靠着自己的一双手去创造财富，他相信自己能够在这个行当里做出点成绩。

1994年，经人介绍，王明到广东路的一家大饭店烧菜。这家饭店的老板是个广东人，对王明的手艺非常满意，也很信任王明。因为饭店生意实在太好，老板一个人忙不过来，便让王明帮忙管理饭店的夜宵生意。王明起初不太愿意："我烧菜已经很吃力了，还要经营我的水产生意，根本腾不出时间来打理饭店的夜宵生意。没想到老板竟然是吸毒的，他告诉我吸了这个精神就会好，劝我吸一点，我半信半疑，老板给我吸了几次，我确实感到精神蛮好。那时，我一个月挣几千元钱，蛮风光的，有钱买毒品吸，所以我就吸上了瘾。"就这样，王明渐渐沦陷在了毒品的世界。此后他有了因为要筹集毒资而入狱以及先后两次复吸进入戒毒所的经历。最后一次复吸之后，三年的戒毒生活让已经四十不惑的王明感到身心俱疲。从戒毒所出来之后，他发誓再也不碰毒品。

但是，王明的内心仍旧走不出"瘾君子"的阴影。他不愿出门，他总觉得每个人看他的眼神都满含鄙视，好像他的脸上清清楚楚地写着他是个吸过毒、进过监狱、进过戒毒所的人。后来王明的母亲被检查出得了癌症。王明终于觉醒了，他觉得愧对家人，更是悔恨在过去十几年里没有照顾过母亲，这次他希望可以好好孝顺平日最疼自己的母亲。前两次没有及时开始新生活而导致他再次沦落的经历让王明心有余悸，但身边的亲人和朋友都劝他忘记过去，重新开始，王明终于鼓足勇气要重新开始新生活。

2003 年 10 月，王明迈出了回归社会的第一步。他将记录所有"毒友"联系方式，包括毒品贩子电话在内的记事本付之一炬，决心与过去的自己告别。凭着自己十几年的厨师经历，王明在一家私人的小饭馆里做厨师打零工，并且主动找到社工办公室要求帮助"毒友"戒毒。他希望以自己的亲身经历帮助那些有过"前科"的朋友走出阴霾，走向新的生活。

如今的王明已经重新振作精神，他的生活非常充实，用他的话说就是"实现了自己人生的价值和意义"。

假如王明当时还是不能够说服自己忘记过去重新开始，那么他至今很可能还生活在一片"水深火热"之中，不能重新开始，也不能体会到奉献的快乐。

昨天的成功与失败，都随着"现在"这个分水岭，被留在了生命过往的旅途中。未来，意味着无限可能。而过去的你，更不应该成为你未来的"影子"。让过去成为过去，才能翻开新的人生篇章。

诺贝尔化学奖得主格利雅，年轻时是一个非常糟糕的学生，他整日闲逛，到处寻欢作乐，是一个十足的浪荡公子。

一天，21岁的格利雅去参加一个盛大的舞会，他对自己对面坐着的一位秀丽端庄的姑娘产生了好感，于是走到她面前，礼貌地说了声："小姐，我想请您跳支舞。"没想到，那位姑娘好像没有听见他的邀请似的，绷着脸不予理睬。格利雅再次躬身并大声说："尊敬的小姐，我想请您跳支舞！"那姑娘冷面相对，说了一句令格利雅一生都难以忘怀的话："我最讨厌你这样的花花公子！"

这句话犹如惊雷，震醒了格利雅。他突然感到，自己在饱食终日、无所事事的游玩中浪费了岁月。悔恨交加之下，他给家人留下一张"你们不要来找我"的纸条，独自一人去了里昂城求学。

经过两年的努力，格利雅不但补上了荒废的学业，而且作为插班生考入了里昂大学化学系。格利雅学习非常勤奋，常有精辟的见解。在名师指导下，他于1901年完成了金属镁有机化合物制备论文，获得里昂大学博士学位。后来，他又发明了格氏试剂，成为有机化学研究领域影响深远的发明。为此，瑞典科学院于1912年授予格利雅诺贝尔化学奖。

从受到那位姑娘的冷落，到获得诺贝尔奖，这中间格利雅经过了整整20年。家乡的人们专门为他召开庆祝大会，在庆祝大会上，格利雅热泪盈眶地表示："过去的纨绔子弟格利雅已经死了，今天的格利雅要更加奋发，取得更大的成就，来报答家乡父老对我的期望。"

正所谓"浪子回头金不换"，一个人有了与过去的自己告别的勇气与决心，才能换来自己的新生。对于已经成为过去式的经历，我们除了叹息或悔恨外，无力去改变。而对于未来，谁敢肯定，就一定会比你的过去更糟，就一定是你失败经历的延续？

人生中我们难免会遇到挫折、困境及烦恼，但这并不意味着我们注定要失败。如果你秉持坚定的信念，勇敢地面对人生，坚信好运必来，任何难题都将迎刃而解。

他本来有着不错的工作和幸福的家庭，可是因为 20 年前的一场大火，他不仅承受了巨大的财产损失，还失去了双眼，只能靠乞讨为生。时间不紧不慢地过着，他早已习惯了黑暗、习惯了乞讨。一天下午，伴随着手杖敲地的声音传来一阵脚步声，他猜对方大概也是个残疾人。虽然心里没抱什么希望，但他还是向前凑了凑，说："行行好，可怜可怜我这个瞎眼的老头子吧。"

"我很愿意帮助你，这个，你拿着吧。"他摸索着接了过来，竟发现那是一张百元大钞，这是他第一次收到这么大面额的钞票，他想对方肯定是个有钱人。

他的心剧烈地跳着，为了得到更多的施舍，他边道谢边说："您真是个大好人，我多想也能像您一样能帮助那些穷苦的人。可是我的眼睛瞎了，什么都做不了。您知道吗？其实我并不是生来就瞎的。20年前，这条街上有一家餐厅发生了火灾……那火烧了整整两天两夜啊，我当时就在餐厅里，浓烟呛得我睁不开眼睛，又找不到出口，等我醒来的时候，就什么都看不见了……那场大火摧毁了我的一切，而我也没有得到任何赔偿，才落到了这步田地……我怎么这么命苦啊！"

没想到对方拍拍他的肩膀说："其实我也是在那场大火中受伤的，我也失明了，还毁了容……"

他顿了一下，但马上愤愤不平地说："真是不公平啊！同样是在火灾时受的伤，为什么你成了有钱人，而我却如此落魄潦倒？"

对方却笑了笑说："不！我从来不觉得我的命运是悲惨的，也从来不觉得上天对我不公平！虽然我失去了视力，但是我有了更敏锐的听力，我能分辨音响的好坏，并在这一行创造出销售佳绩。我相信，任何表面的不幸都是上天给予我的更大祝福。时间证明了我的信念！"

同样是失明，一个人只看到自己失去的，另一个人却能看到自己所得到的，于是命运出现了惊人的反差，前者潦倒一生，后者却殷实富有。

其实，幸运就在你身边，如果你勇敢面对，幸运总会在某天落在你双肩；可是如果你一味沉湎于昨日的伤痛，不想着如何摆脱困境，那么幸运就会悄然转身，因祸得福、时来运转这种事，也绝不会发生在你身上。

人生是由我们自己创造的，能够改变命运的只有我们自己。在人生的花园里每个人都可以描绘出自己的人生彩图，人生色彩如何，取决于人是否拥有积极的心态、勇敢的进取心。人的心中若能常存光明的远景，那么即使身陷困境，也能以勇敢、愉悦、创造性的态度走出困境，走向光明。

◉ 不拼，怎么知道不行

人生不会总是一帆风顺，也不会总是一路荆棘，在人生的路途中，一定有成绩，也有失败；一定跌倒过，也登顶过。但无论是荣誉还是屈辱，都会过去。一个人如果只是满足于曾经的成绩或者陷入失败的痛苦中不能自拔，那么他将永远无法继续前进。

勇敢的人是无论面对辉煌还是面对不忍回首的昨天，都会心平气和，因为，光荣不可重现，失败也不会持续，明天才是真正应该追求的。

球王贝利在回答记者关于哪一个进球是他最值得骄傲的时，他平静地说："下一个。"是的，过去的成功，代表的只是过去，未来什么都有可能发生。很多人往往以为向过去告别很难，其实只要你敢于真正面对，放下是很容易的。

人生不是一成不变的，既然昨天已属于过去，我们就应该告别昨天，正视今天，并向着明天勇敢进取，让新的黎明抹去昨天的哀愁与喜悦，重筑一片湛蓝的天空；让新的太阳再次普照充满鸟语花香、诗情画意的前路；让新的行动重新谱写比昨天更灿烂、更辉煌的篇章。

在西方的一个国家，有一个经理，他把多年以来的所有积蓄全部投资在一项小型制造业上。由于世界大战爆发，他无法取得他的工厂所需要的原料，只好宣告破产。

金钱的丧失、工厂的倒闭，使他大为沮丧。他认为是他把家人害得没有了这一切，于是他离开妻子儿女，成为一名流浪汉。过去的一幕一幕时常在他的脑海里上演，他对于失败无法忘怀，总是徘徊在过去，不肯为以后的日子打算，而且越来越消沉。到最后，他甚至想要跳湖自杀。

一个偶然的机会，他看到了一本名为《自信心》的书。这本书给他带来了勇气和希望，他决定找到这位作者，因为他觉得这位作者是世界上唯一能够帮助他的人。

于是，他四处打听，作者终于被他找到了。当他找到作者，说完他的故事后，那位作者却对他说："我已经以极大的兴趣听完了你的故事，我希望我能对你有所帮助，但事实上，我绝无能力帮助你。"

他的脸色立刻变得苍白，默默地呆了几分钟，然后低下头，喃喃地说道："这下完蛋了。"

那位作者停了几秒钟，然后说道："虽然我没有办法帮你，但我可以介绍你去见一个人，他可以协助你东山再起。"

于是他便跟着作者走到里边的卧室，作者把他带到一面高大的镜子面前，用手指着说："我介绍的就是这个人。在这个世界上，你只有靠这个人的帮助才能够东山再起。但是你必须安静地坐下来，好好地看清楚他，彻底地认识他，否则你只能跳到密歇根湖里去。因为在你对这个人做充分的认识之前，对于你自己或这个世界来说，你都只是个没有任何价值的废人。"他朝着镜子走了几步，用手摸摸长满胡须的脸孔，对着镜子里的人从头到脚打量了几分钟，然后退几步，低下头，哭了起来。过了一会儿，他离开了，也没对那位作者说什么。

几年后，这个人终于再次出现，《自信心》的作者在街上碰见他时，几乎认不出来了：他的步伐轻快有力，头抬得高高的，他从头到脚打扮一新，看来很成功。

《自信心》的作者看到这一切后，有点不敢相信自己的眼睛，走过去打了个招呼。当初的流浪汉很兴奋地说道："那一天，我离开你的办公室时，还只是一个流浪汉。我对着镜子找到了自信。现在我找到了一份年薪 3000 美元的工作。我的老板先预支一部分钱给我和我的家人。我现在又走上成功之路了。"顿了顿，他风趣地对作者说："我正要前去告诉你，将来有一天，我还要去拜访你一次。那时我将带一张支票，签好字，收款人是你，金额是空白的，由你填上数字。因为是你使我真正意识到，能够帮助我的人只有自己。"

的确，没有人比你自己更能把控自己，也没有人比你自己更适合拯救自己。

一个屡屡失意的年轻人慕名寻到老僧释圆，沮丧地说："像我这样的人，活着也是苟且，有什么用呢？"释圆听后什么也没说，只是吩咐小和尚："施主远途而来，烧一壶温水送过来。"

少顷，小和尚送来了一壶温水，老僧释圆抓了一把茶叶放进杯子里，然后用温水沏了，放在年轻人面前说："施主，请用茶。"

年轻人呷了两口，摇摇头说："这是什么茶？一点儿茶香也没有呀。"释圆笑笑说："这是名茶铁观音啊，怎么会没有茶香？"释圆又吩咐小和尚说："再去烧一壶沸水送过来。"沸水送来后，释圆起身，又取一个杯子，撮了把茶叶放进去，稍稍朝杯子里注了些沸水。年轻人俯首去看，只见那些茶叶在杯子里上下沉浮，一丝细微的清香袅袅散开。年轻人禁不住欲去端那杯子，释圆微微一笑说："施主稍候。"说着便提起水壶朝杯子里又注了一些沸水。年轻人再俯首看杯子，见那些茶叶沉沉浮浮得更杂乱了，同时，一缕更醇更醉人的茶香在禅房里轻轻弥漫。释圆如是地注了五次水，那一杯茶水沁得满屋生香。

释圆笑着问："施主可知同是铁观音，却为何茶味迥异吗？"年轻人思忖着说："一杯用温水冲沏，一杯用沸水冲沏。"

释圆笑笑说："用水不同，茶叶的沉浮就不同。用温水沏的茶，茶叶轻轻地浮在水上，没有沉浮，怎么会散逸清香呢？而用沸水冲沏的茶，冲沏了一次又一次，茶叶沉沉浮浮，就释出了它春雨的清幽、夏阳的炽烈、秋风的醇厚、冬霜的清冽。"

人生若茶，我们何尝不是一撮清茶，而命运又何尝不是一壶温水或滚烫的沸水呢？茶叶在沸水中才能释放出深藏的清香，而生命也只有在一次次的挫折和坎坷中才能书写人生的辉煌。莫要抱怨人生的无常、处境的可悲，既然命运赋予了你一切，你就该学会勇敢面对命运，正视命运，然后在命运的不公中寻找自己奋发的起点，努力前行。

◎ 有信心，就有勇气

人有情绪，但人并不是只有情绪。人的价值和意义往往在于能够做自己不愿意做的事，能够控制自己的行为并按照自己的意志生活。"胜人者力，自胜者强。"一个人最大的敌人不是外界，而是自身。一个人如果不能掌控情绪，既表现出他的不成熟，也表现出他的修养不够。人在自我认知的前提下，是能做到自我控制的。

世界上没有真正的"试金石"，你对人生的态度就是"试金石"，一切机会往往在于你的观念。转变观念，也许你就会获得另一片天地。

"牛仔大王"李维斯的西部发迹史中曾有这样一段传奇：当年他像许多年轻人一样，带着梦想前往西部追逐淘金热潮。一日，他偶然发现有一条大河挡住了他西去的路。苦等数日，被阻隔的行人越来越多，但都无法过河。于是陆续有人向上游、下游绕道而行，也有人打道回府，更多的则是怨声一片。

心情慢慢平静下来的李维斯想起了曾有人传授给他的"思考致胜"的一段话："太棒了，这样的事情竟然发生在我的身上，又给了我一次成长的机会。凡事的发生必有其因果，必有助于我。"于是他来到大河边，"非常兴奋"地不断重复着对自己说："太棒了，大河居然挡住我的去路，是给我一次成长的机会，凡事的发生必有其因果，必有助于我。"果然，他真的有了一个绝妙的创业主意——摆渡。没有人吝啬花费一点小钱来坐他的渡船过河。于是，他人生的第一笔财富因大河挡道而获得。

当遭遇挫折的时候，换个角度思考是一种积极的心态。就像故事中的李维斯一样，当遇到挫折，别人都在唉声叹气的时候，你如果能从另一个角度，把挫折看成是人生的一种机遇，那么，你就会从中发现机会，从而把挫折转化为人生的机遇。

人是脆弱的，现实中，很多人往往容易沦为生活的"奴隶"。生活主宰了他们的命运，左右了他们的快乐和幸福，他们一旦遭遇不幸，人生也就失去了所有的希望。但真正的强者，永远会做生活的"主人"。

人生其实充满了无数的"可能"，从积极的角度思考问题是一种重要的转换心态进行思考的能力，也是一种乐观的表现。它是生活充满热情的来源，是发现机遇和真理的"钥匙"，也是面临困境时，端正心态，化困境为机遇的"法宝"。

和谐、安定、从容不迫是人生的"滋补剂",能全面提升人的精神品位,也能滋养人的身心。让快乐的信念永远掌握你生活的主旋律,你会发现,生命的乐章其实可以奏得如此美妙动听。

从前有位老太太,她有两个女儿,一个嫁给了卖草帽的,一个嫁给了卖雨伞的。老太太经常忧心忡忡,愁苦不堪。邻居问她:"你为什么整天愁眉不展?"她说:"晴天,我担心卖伞女儿的雨伞难卖;雨天,又担心卖草帽女儿的草帽没人买。一想到这些,我心里便难受,吃不好、睡不香!"邻居听后,笑着说:"这个太好办了,你不妨这样想,雨天,卖伞女儿的伞肯定好卖;晴天,卖草帽女儿的草帽一定好卖。这样,无论是雨天还是晴天,你的两个女儿都不愁没生意,你还担心什么呢?"老太太按照这一思路,调整了心态,从此以后,果然吃得好、睡得香,变得快乐起来了!

老太太的两个女儿,就好像事情的两个方面。当你只看到消极的一面时,就会悲观失望,忧心忡忡;而当你换个角度反过来看的时候,事情就会转向积极的那面。当你眼前呈现了事情好的一面,心态就会随即转换,人自然也就乐观起来。

一个人身上发生的一切都是自己内心意念的结果。这个贯穿人生的真理,我们应该铭刻在心底。人生有盛衰荣辱,即使坚信自己的命运是用自己的双手开拓的人,其人生的低谷与高峰、幸福与不幸也是由自己的心呼唤而至的。发生在自己身上的一切,都由自己播下的"种子"而来。

　　一位心理学家说："在人的本性中有一种倾向，我们把自己想象成什么样子，就真的会成为什么样子。"因此，有些人只要知道你在想什么，就知道你是怎样的一个人。因为每个人的特性，都是由思想造成的。一个人的命运往往取决于他的心理状态。正如曾经统治罗马帝国的伟大哲学家巴尔卡斯·阿里流士所说："生活是由思想造成的。"

　　任何人都有成功的机会，只是敢不敢去做、去努力获得它而已。如果你放弃胆量，机会就弃你而去；如果你希望成功，面对困难时全力打拼，那么，最终事情将如你所愿。别忘了，成功总是站在思想积极的人这边。

⊙ 敢担当，敢面对逆境

人生在世，很多事情都不能由自己决定，正所谓"人在江湖，身不由己"。但人生绝不相信眼泪，命运鄙视懦弱。有些人无数次地挣扎，换来的仍是脆弱和敏感，重复着老路，蜷缩在旧巢里不能解脱；有些人则选择勇敢地面对一切，用微笑来改变世界。当一个人勇敢地面对一切时，就会使自己多一分执着，少一些失落，多一分清醒，少一些浑噩。困难和不顺在所难免，与其在逆来顺受中沮丧，不如主动去挑战，去勇敢面对，去潇洒看到崭新的世界！

或许，理想和现实相距太遥远，无法把自己"放飞"；或许，平淡生活的交替轮回，早已把斗志磨碎。多少次筑起梦想的堡垒，又一次次被现实摧毁。充满阳光的日子总觉得是那么的少，不想流于平庸，却又在平庸中唉声叹气。一个人活得潇洒不潇洒，要看他以什么样的态度来面对困境。

选择在困境中"逆来顺受"，生活便是荒芜的沙漠。遇到了困境不退缩，积极地去面对，这便是勇敢的态度。勇敢可以增强人的信心，激发人的潜能，激励人的勇气，可以比别人多做许多更难做的事情，可以比别人更能掌握命运的主动权。

勇敢面对，会给人一个更乐观、更积极的心态，去接受别人的批评，甚至是指责。一个乐于接受别人意见的人，可以看到自己更多的不足，从而更早、更全面地改正自己的缺点，这也是成功人士的成功秘籍之一。

春秋时期，齐国之所以成为首霸，与齐威王的开明统治息息相关。《战国策·齐策》载：齐威王曾悬赏求谏，"群臣吏民，能面刺寡人之过者，受上赏；上书谏寡人者，受中赏；能谤议于市朝，闻寡人之耳者受下赏。"赏令一出，"群臣进谏，门庭若市"，齐国因此政通人和，邦安国治，"燕、赵、韩、魏闻之，皆朝于齐"。

著名钢铁大王卡内基曾经说过："有两种人不会成大器，一种是除非别人要他做，否则绝不主动做事的人；另一种是即使别人要他做，也做不好事情的人。"卡内基之言真可谓是至理名言。很多成功人士都是即使处于逆境，可以找出千万种理由抱怨命运不公，可以找出千万种理由责怪自己，却仍是挑战自我，不肯"就范"，从而最终获得成功。

有这样一个故事：

一只狐狸被猎狗追捕，已经跑得精疲力竭。有只老鹰飞在上空，看到狐狸这样没命地狂奔，就心生慈悲，想帮帮它。老鹰飞到一棵大树上，狐狸也正好看到这棵大树，飞也似的爬上枝干。猎狗很快就追到树底下来，大声吠个不停。

"如果我会飞该多好。"狐狸感慨道。

"现在讲这个来不及了，你只有两条路可走。"老鹰开始给狐狸分析。

"哪两条路？"狐狸不解。

"一条是溜下树干再跑，另一条是留在树上。"

狐狸以为得到"救兵"，谁知听了老鹰的话，差点晕倒。

"留在树上的话，等一下猎人到了，会一枪把你毙了。溜下树干再跑，你还有两条路可走。"老鹰说道。

"哪两条路？"

"一条是往右跑，另一条是往左跑。"

狐狸听了，气得险些掉到树下。

"往右跑是一条大道，你只要继续跑就可以。往左跑会碰到断崖，只好跳下去。"老鹰仍在冷静地分析，"跳下断崖你还是有两条路可走。"

"哪两条路？"狐狸着急地问。

"一条是摔死，另一条是摔进水潭没死。"

狐狸听得两腿发软。

"摔进水潭没死，你仍然有两条路可走。"

"又有两条路呀!"

"是的。一条是溺死,另一条是没溺死。"老鹰不疾不徐地说。

"没溺死会怎样?"

"没溺死的话,你也还有两条路可走。此时,猎狗已找不到你了。"

"我比较关心的是,我还有哪两条路?"

"一条是冻死,因为底下很冷。另一条是找到洞穴栖身。"

"怎么这么复杂呢?"

"没办法,野生动物的命就是这样。找到洞穴栖身,还是有两条路等着你。"

"又是两条路?"

"没错。一条是饿死,另一条是找到小动物充饥。"

"找小动物充饥不难吧?"

"在谷底能活下来的动物不多,找得到的话,你就活下来。找不到也没关系,最多饿死,反正你也离不开谷底了,早死晚死都一样。"

狐狸听到这里,终于想开了,看着猎狗那凶狠的嘴脸,不再害怕。它也最终脱离了危险。

这个故事告诉我们,在面临危险和困难时,如果放弃希望的话,那就是真的没救了。遇到困难如果能够保持乐观的想法,那么摆在眼前的一定有两条路:生与死。看到这两条路,人在惨遭厄运时,想的就应该是既然不能改变环境,那只能靠自己的勇气奋起一搏,这样才可能再次拥有希望和光明。

泰戈尔曾经说过："只有经历地狱般的磨炼，才能炼出创造天堂的力量；只有流过血的手指，才能弹出世间的绝唱。"逆境，抑或突如其来的变故与危困，都是很好的"试金石"，能明晰地鉴定一个人素质的高低。有些养鸟的行家，在选鸟的时候，都要故意去惊吓那些鸟，目的就是剔除那种稍受一点惊吓就扑打拍翅、乱成一团的鸟。人也同样，面对逆境是可以试出你的人生态度、勇气与担当。

◎ 奋发图强，才能成功

我们每个人都渴望成功。成功是我们追求的理想，是我们奋斗的目标，是对我们努力的肯定，更是对我们付出的回报。成功能让我们心情愉悦，能鼓舞我们的斗志，更能激励我们向着更高、更远的方向前进。但每个人并不是生来就与成功相伴的。成功源自勤奋。正所谓：人之初，性本善；性相近，习相远。成功需要后天的努力，需要成长中汗水的浇灌。

美国著名的《时代周刊》总编查尔斯在刚开始时是一名周薪 6 美元的《论坛报》的责任编辑，他为什么后来能够取得这么大的成就呢？我们可以从他日记中的几句话里找到原因：

"为了收获成功的机会，我必须比其他人更努力地工作。当我的伙伴们在剧院时，我必须在房间里；当他们在熟睡时，我必须在学习。"他坚持每天工作 13～14 个小时，正是这种努力使他获得成功。

纵观中外，从牛顿到爱迪生，从居里夫人到爱因斯坦，从莎士比亚到海明威，从托尔斯泰到鲁迅，他们无不是在自己的领域付出了超出常人几十倍的努力，洒下了数不尽的汗水，从而获得了令世人瞩目的成功的。正如鲁迅所说：我是把别人喝咖啡的工夫都用在工作上的。

成功需要汗水的浇灌，我国著名的科学家童第周也向我们证明了这一点。

1902 年 5 月 28 日，童第周出生在浙江宁波附近的一个小山村里。父亲是个教私塾的秀才。幼年的童第周跟父亲念过几本《四书五经》，望子成才的父亲写了"滴水穿石"四个字，挂在童第周的书桌旁。童第周以此为座右铭，求知欲越来越强。后来，童第周参加了插班生考试，被当时的名牌中学——效实中学录取为插班生。尽管他的成绩是倒数第一，但他心里仍为这来之不易的机会感到十分激动。

对于没有上过一天中学、没有学过英语的童第周来说，一下子插到三年级，其压力是可想而知的。入学之初，不少同学讥笑他，说他迟早要被甩掉。但倔强好胜的童第周把这类冷言冷语视为激励自己上进的动力。白天除了上课，他便一头扎进图书馆；晚上，图书馆关门了，同学们入睡了，他就独自坐在路灯下攻读。

一天深夜，一位老教师访友归来，见到路灯底下有个人还在读书，他抬腕看了看表，已经 12 点多了，必须让这个学生回去休息。于是，他走过来说："同学，哪个班的啊？这么晚了，还在这里看书?""老师,我叫童第周,是全班成绩最差的那个。"这时,老教师才看清童第周的面孔,想起他就是那个考倒数第一的插班生。

老教师深为童第周的直率坦诚所感动,从心里喜欢这个学生,本想说句鼓励话,但一想,用不着了,便指了指手表,示意该休息了。童第周点点头,把东西收进书包。但童第周没走多远,又在另一个路灯下停住脚步,蹲下身去,重新打开书包……

时间就这样一天天流逝,期中考试之后,同学和老师都惊讶地发现:童第周的各门功课考得都很好,数学、物理、化学、英语成绩在班里名列前茅,几何竟得了 100 分,考试总成绩名列全班第一。这种惊人的变化,令师生都很敬佩。

中学毕业后,童第周顺利考取了上海复旦大学哲学系心理学专业。就是从那时起,他开始对生物学产生了浓厚的兴趣。

1930 年,童第周决定远渡重洋,出国留学。他有一个强烈的"指导思想":"中国人不是笨人,应该拿出东西来,为我们的民族争口气!"在哥哥的帮助下,同年 8 月,他只身来到了比利时首都布鲁塞尔,成了欧洲著名生物学家勃朗歇尔的学生,并开始研究胚胎学。

研究胚胎学经常要做精细的手术。为了锻炼双手的灵敏度,培养严细的作风,童第周不怕失败,不厌其烦,几十次、几百次,甚至几千次地做着别人看来十分单调、枯燥的手术。仅仅几个月时间,勃朗歇尔就喜欢上了这个来自东方的青年,不仅亲自写信为童第周申办奖学金,还把一些学有成就的好友介绍给童第周。由于童第周具有刻苦、严谨的精神，他的研究很快取得了重大的突破。

一次，勃朗歇尔要求学生们设法把青蛙卵外的一层膜剥下来。这是一项难度很大的手术。几年来，许多人做过，但都失败了。

童第周坐在显微镜前，用一把尖利的钢镊将青蛙卵钳到玻璃盘中，然后用一根钢针在卵细胞上刺了一个小洞，当看到胀鼓鼓的卵细胞松弛下来——由球状变成扁圆形时，再操起两把钢镊，用镊尖夹住细胞的中央，均匀地向左右一撕，卵膜马上被剥离得干干净净。勃朗歇尔看到后兴奋不已。剥除青蛙卵膜手术成功，一下子震动了欧洲生物学界。出国第四年，童第周通过论文答辩，获得了生物学博士学位，为祖国、为中华民族争得了荣誉。

著名数学家华罗庚先生有一句话："勤奋补拙是良训，一分辛苦一分才。"这是他的座右铭，更是他的亲身经历。华罗庚由于家境贫寒，读完中学后便辍学在家，但他没有忘记学习，他一边在自家杂货店里做生意，一边利用做生意算账的机会自学数学。他就是靠着勤奋，从一个初中毕业生成长为一代数学家的。

因为勤奋，安徒生从一个鞋匠的儿子成为一名著名的童话家；因为勤奋，巴尔扎克给人类留下了宝贵的文学遗产《人间喜剧》。天道酬勤，人只要心中有"勤"的理念，工作上有"勤"的态度，行为上有"勤"的习惯，许多事情都会迎刃而解。"一分耕耘，一分收获。"不劳而获的事情从来都不存在，勤奋是实现理想的基石，是补拙益智的催化剂，是通向成功彼岸的桥梁。

在 2008 年第 29 届北京奥运会上，美国泳坛名将菲尔普斯以 9 天摘取 8 金、打破 7 项游泳项目世界纪录的方式，刷新了奥运会赛场上单人获得金牌的最高纪录。在菲尔普斯获得令人瞩目的成绩之后，很多人用"外星人"来形容这位年轻的美国选手，认为这样不可思议的成绩非人类可以创造。菲尔普斯当然不是"非人类"，他的身上没有"异物"，只不过手臂比一般人稍长一点而已，但这并不能构成他在游泳上超出常人的理由。

菲尔普斯的成功固然与其天分有关，但更重要的，还是他后天的努力。他从 11 岁起就以夺取奥运会金牌为目标，开始了极其艰苦的训练，正常孩子的娱乐活动从此与他无缘。他每天都会在早晨 5 点 30 分左右起床去训练，即使圣诞节也不例外。训练严格时，他每周要在水里游 100 公里。超常的成绩来源于超常的付出。他很喜欢教练鲍曼的一句名言："如果你休息一天，实力就会倒退两天。"菲尔普斯说："我知道没有人比我训练得更刻苦。"菲尔普斯的非凡成绩，是奥林匹克精神追求的体现。

菲尔普斯使人们看到人类不断超越自己是可能的，对人类来说，没有固定不变、不可超越的极限。但超越的前提是奋斗，没有持续不懈的坚持，没有超出常人的勤奋，就不会有菲尔普斯在游泳池里频频呈现的奇迹，就不会有世界纪录被一次次打破的精彩。

勤劳的人总是很快就投入到新的生活中去，并用自己勤劳的双手寻找、挖掘成功，享受勤奋的汗水浇灌出的幸福之果。在人生路上，你若想有所作为，首先得有勤劳的习惯。千金唾手得，一"勤"最难求。勤需要你付出超人一等的心血和努力，面对挫折、困苦的考验时不放弃自己的信念，执着地朝着心中的梦想一如既往地努力。如果你能在不断的拼搏和进取中养成勤奋的习惯，就一定会在勤奋的陪伴下终身受益。99%的汗水加上1%的灵感，就能取得成功。

当然，99%的汗水不一定换来巨大的回报，不是所有的理想都能有如愿的结果。但勤奋的人至少比早生华发、壮志未酬的人更有生机，勤奋的人至少不会在悲观的叹息中消沉。他们只要生命不息，就会勤奋不止，在生命旅途上下求索的过程中无论是否得到成功、是否得到第一、是否"至险远之地"，都可以活出无怨无悔的精彩人生！

◉ 人永远比困难更强大

世事无常，生活中会碰到令人兴奋的好事，也会碰到令人沮丧的坏事。困难就像是挡在我们面前的一座大山，看似高不可攀，但其实只要我们保持乐观的心态，不被它吓倒，并寻找正确的方法，不畏艰险地慢慢从山脚爬起，持之以恒，就能攀越高山。如果我们的思维总是围着那些恐惧、担忧等负面情绪打转，就相当于爬山过程中总往下看，即使爬上了高山也很可能摔下去。

人没有战胜不了的困难，人永远可以比困难更加强大，成为自己命运的主人。

在话剧界，有一位在世界戏剧舞台上活跃了 50 年之久的著名演员，她叫波尔赫特。71 岁时她破产了，祸不单行，她在坐船的时候不小心摔了一跤，腿部伤得很严重，还引发了静脉炎。她的主治医师说，必须把腿截掉才能稳定伤势。对于一个 71 岁的老人来说，这是多么沉重的打击，医生迟迟不敢把这个可怕的消息告诉她。

但事实非常出乎医生的意料，当他不得不把这个消息说出来时，波尔赫特平静地注视着他，"既然没有更好的办法，那就这么办吧。"

手术那天，波尔赫特高声朗诵着戏里的一段台词，一副乐观的样子。有人问她是否在安慰自己，她的回答是："不，我是在安慰医生和护士，他们太辛苦了。"手术后，波尔赫特继续活跃在舞台上，不断去世界各地演出，她又这样工作了7年。

"风力掀天浪打头，只须一笑不须愁。"人生路上会有很多沟沟坎坎，无论身在顺境，还是深陷逆境，保持乐观的进取心就能将厄运的乌云驱散。

困境、挫折和失败，对任何人来说都不会是件高兴的事，所以很多人在面对这些时，都会觉得力不从心，因而沮丧、灰心，甚至止步不前，低头认输，笼罩在悲观失望的困境中。人生是不可能一帆风顺的，失败了难道就说明永远没有光明的未来吗？不全力以赴地拼搏怎么知道自己不能扭转乾坤？"上帝在关上一扇门的同时，也会为你打开一扇窗。"困难和失败并不能真正打败一个人，真正打败人的是人面对困难时消极的态度。

在全球寿险界，谈到寿险销售成绩的时候，人们常常说"西有班·费德雯，东有柴田和子"。柴田和子是个普通的推销员，却打破了一项吉尼斯世界纪录，创造了寿险销售的奇迹：她一个人的业绩，竟抵得上日本 800 多个保险推销员的业绩总和。很多记者都为此而采访过这位传奇人物。有位记者专门采访了一些普通业务员，问他们一天平均安排几个约谈，他们大多说两三个，最多的有四个。随后这位记者又采访了柴田和子，她说："今天我有 7 个约谈，平时有多有少，但都不会低于 5 个。"

记者很诧异地问柴田和子怎么会有这么多的约谈，她说她昨天一下午打了 58 通电话才约下来的。58 通电话，仅成功地预约到了 7 个，这意味着她有 51 次被拒绝。

用 51 次的拒绝换来了那 7 个肯定，正是凭着这种一直不停地预约顾客、拜访顾客、推销保单的不断重复的坚韧精神，柴田和子才从一开始的倒数几名成为全日本保险业的销售冠军。

一个普通的销售员，在失败背后找到了成功的路，成为日本的销售女神。如果你也转身到失败的背后，你一定也会找到属于自己的成功之路。

成功学大师拿破仑·希尔说："我们怎么对待生活，生活就怎么对待我们。"当我们认为困难很强大，被烦恼、愤怒、绝望等负面情绪包围时，不仅要从事物本身寻找原因，更重要的是及时检查自己的态度。

卡德如今已是一位成功的企业家，他没上过学，但他什么事都很想得开。一次，他因为生意上遭遇了巨大的失败几乎破产，心里很难过，于是跑到自家农场旁绕着田地房舍一圈一圈地跑，直到跑得气喘吁吁，才直接回家睡觉去了。第二天醒来，他又情绪激昂地告诉家人他要重新开始奋斗了。

之后的 20 年，卡德一直在做投资生意，比以前更加成功。不过在一次农产品的投资中，卡德吃了大亏，所投资的数十万资金都打了水漂。年迈的卡德还是选择了绕着田地跑。儿孙们见了觉得不忍，纷纷劝他，并问他这些年一直这样做的原因。

卡德坐下，语重心长地说："其实道理很简单，我边跑边告诉自己：那些钱本来就是因为我的努力而赚来的，它们是身外之物，我虽然用钱投资打了水漂但相当于买了经验，人是活到老，学到老。失败了并不可怕，只要勇气还在，下次还会成功。边跑边这样想，我的气就消了。只要我有好的心态，什么困难都会重新被我踩在脚下。"

很多人总会把挫折看得很重，从而打心眼里有畏惧情绪，因此变得畏首畏尾、患得患失；有些人甚至还会因此而产生畏难情绪，一蹶不振。其实挫折只是在人生中摔了一跤那么简单，虽然一时摔疼了自己，但如果付之一笑，也便觉得没那么疼了。挫折是只不经打的"纸老虎"，你被它撞到的时候它显得强壮凛然，可当你出手打它一拳的时候，那层"薄纸"又怎么会是你的对手？人们害怕陷于挫折的泥潭中不可自拔，只是因为自己没有去挥那一拳而已。所以面对困难勇敢地挥出你的拳头吧，要有人定胜天的勇气，不管结果怎样，至少证明你是一个勇者。

⦿ 超强勇气须苦练

知识，是任何人都能够学得到的。上到天文，下至地理，古今中外，无论是自然科学还是社会科学，只要是你想得到的，都有相关的书籍供你参阅，你还可以参加各种辅导班，或者进入专门的学校学习。实战经验则不同。

有这样一个小故事：

深秋了，寨子里得准备储粮过冬，于是派了一位长者带一队年轻人驮着盐到山外换米粮。有一天晚上，他们在野外露宿。星空灿烂，看上去天气很好。不过，长者还是按照惯例占卜山里的天气，取出了一些盐块扔到前边的篝火里。这是一辈辈传下来的占卜术，传说若听到火中盐块发出"噼里啪啦"的声响，那就说明第二天会是好天气；可要是盐扔到火里没动静，那就说明风雨将至。

扔进火里的盐块一点响声都没发出来，这让长者有点心神不宁。

他觉得这很不吉利，于是跟大家说天一亮就马上赶路。但有年轻人对此很不以为然，觉得"以盐窥天"是迷信，反对马上启程。第二天下午，果然天气骤变，风雨交加，坚持晚走的年轻人这才开始后悔自己的浅薄，钦佩长者的睿智。

其实，长者的经验是有科学道理的，盐块在火中是否发出声音，与空气中的湿度有关，当风雨将至，空气中湿度高，盐块受潮，投到火里自然就平静无声。

很多年轻人看不起老人的经验，觉得已经过时了，派不上用场的。其实，一些人生经验如同海盐，它再老，也是一种结晶，有着海的"记忆"。

老人经历了几十年的风雨，有丰富的阅历和经验，即使只是个老农、老渔翁，在收种庄稼、种植蔬菜、栽培果树、饲养禽畜、行船捕鱼等方面，所积累的经验也有不容小觑的价值。

事实上，大到治国安邦的老政治家、老科学家，小到村边乘凉的老翁，都能用自己成功的经验、失败的教训，启迪后人趋利避害，是指点年轻人成长的宝贵财富。

实战经验，就是从自己亲身实践过的事件中获取的知识。任何人只要做一点有用的事，总会有一点报酬，这种报酬就是经验，这是最有价值的东西，也是别人抢不去的东西，比黄金更珍贵。

很多经验丰富的人，对事态发展往往具有超凡的预见能力。这些是很多因素组合成的结果，很难用语言详细清楚地表达。比如，经验丰富的警察总能察觉到可疑的人；资深的售货员也很容易识别真正的买主——即使顾客装作对所售的商品毫无兴趣；卖豆腐的老手可以一刀下去就正好切够你要的斤两，这都是实战经验。

很多时候，实战经验是一个人在长时间做一项工作之后形成的一种感觉，它无法用言语形容出来，自然也不可能传授给别人。比如，庖丁解牛，其实他本人也说不好到底哪个地方该让刀锋转弯，又何况每头牛的骨骼大小也有不同，这就更增加了解说和传授的难度，但正是因为如此，庖丁的实战经验才显得尤其珍贵。

古语有云："纸上得来终觉浅，绝知此事要躬行。"说的正是这个道理。

战国时期，赵国大将赵奢曾以少胜多，大败入侵的秦军，被赵惠文王提拔为上卿。赵奢有一个儿子叫赵括。赵括从小熟读兵书，张口闭口军事，别人往往说不过他，因此很骄傲，自以为天下无敌。然而赵奢却很替他担忧，认为他不过是纸上谈兵，并且说："将来赵国不用他最好，如果用他为将，他一定会使赵军遭受失败。"

公元前259年，秦军又来犯，赵军在长平坚持抗敌。那时赵奢已经去世。廉颇负责指挥全军，他年事虽高，但打仗仍然很有办法，使得秦军无法取胜。秦国知道拖下去于己不利，就施行了反间计，派人到赵国散布"秦军最害怕赵奢的儿子赵括将军"的话。赵王上当受骗，派赵括替代了廉颇。

赵括自认为很会打仗，死搬兵书上的条文，到长平后完全改变了廉颇的作战方案。秦将白起听到这个消息，非常高兴，便用计先截断了赵军的运粮后路，然后把赵军团团包围。赵军粮绝，赵括企图突围，被秦军一箭射死，四十多万赵军一下子尽被歼灭。

这就是由于缺乏实战经验而遭受惨重损失的最典型的例子。实际操作和理论总是存在一定的出入，这就更加凸显了经验的重要性。

实战经验是人们付出一定劳动，甚至是更大的代价以后才获得的，因而是极其宝贵的，在指导认识和实践中具有极大的作用和威力。

在一家大酒店实习的陈敏对实战经验感慨万千。她是旅游学校中专二年级的学生，以前在学校里学到的大多是理论知识，除了死记硬背就是现场演示，很难真正体验到在社会工作中的经历。自从到实际岗位上工作后，她觉得做好一份工作并不像学校里想的那样简单，除了要扎实巩固基础知识外，还要不断积累工作经验，不断提高人际交往能力。陈敏说："做好一份工作确实不是件容易的事，回学校后，我要好好总结实践经验，为今后做好充分的准备。"

经验的得来非常不易，需要多年如一日的努力工作，在工作中开动大脑，积极思考更简化、更优的工作方法和技巧，并虚心向前辈学习，在已有的经验和知识的基础上，勇敢创新。

因此，人想要成功就要积极行动，认真地投入自己的工作中，不能将自己的认知只停留在书本和理论上，因为这样你就永远不具备无法被别人超越的优势。而一个轻易就能够被别人替代的人，随时都会面临失去工作的危机。

"学问"，"学问"，先学而后问，只有先将前人的知识掌握了，才能在此基础上加以研究，有所建树。你掌握的知识的数量，便决定了你的高度。高度越高，你才越有可能在站在巨人的肩膀上瞭望的过程中，发现属于你的"新大陆"。

但是，如果只是一味地加高高度，而无暇瞭望，这样的人是愚蠢的。即使你将所有的知识都学会了，即使你的高度已经是最高的了，但你若只是沿着前人的脚印前进，实际上你是停滞不前；即使你是站在巨人的肩膀上，你也无法看到更广阔的天地。只有学习加创新，才能走出一条新的路，攀登到一个新的起点。

所以，朋友们，让我们努力地积累经验，完善自我，做一个不可替代的人吧！

⊙ 挫折是勇气的"练兵场"

孔子的 3000 弟子之中，颜回为 72 圣贤之首。孔子最欣赏的是颜回的"四德"，也就是"不迁怒、不贰过、不伐善、不施劳"。其中的"不贰过"，指的就是相同的错误不犯第二次。

大多数时候，人们发现做了错事之后第一个感觉便是后悔，但是后悔过后每个人的行为却大不相同。有时人们后悔，仅仅是对所犯错误的一种内疚情绪，这与是否真正认识到错误的根源所在并彻底改正无关，这样的后悔是暂时的，对于个人能力的提高没有任何帮助；而聪明人之所以被人称为聪明，在于他的状态和能力比普通人要强，而这所谓的"强"的表现之一便是"不贰过"。

一个真正明智的人并不是不会犯错，而是不会重复犯同样的错误。

小张是一家汽车公司的销售员，他刚来公司的时候，销售业绩排在倒数第一，但一年后他就成了销售冠军。此后，小张的销售业绩稳步增长，月月得冠军。很多同事羡慕不已，向小张"取经"，问他有什么秘诀。小张从包里拿出一个黑色的笔记本，对同事说："这就是我的秘诀。"同事翻开一看，里面密密麻麻地记录着小张与客户打交道所犯下的每一次错误，以及每一次犯错后的心得。

从上面的案例中可以看出，错误一方面使人陷入困境，另一方面也促使人警醒，所以人要善于从错误中思考和总结。如果一个人对自己所犯的错误置之不理，那么错误对他来说仅仅是一个错误，而不会成为经验和教训。这样的错误是没有任何价值的。总结错误是理性的思考，是从实践上升到理论的必经之路。人只有善于分析错误，才能有所收获。如何使犯错误的成本降至最低？如何使犯错误的人进步得更快？答案只有一个，那就是不犯同样的错误。

聪明的人能从错误中吸取教训，为防止下一次受挫提前做好准备；而自傲的人并不能这样做，或者说并不能总这样做，他们往往是重复地犯同样的错误。

第一次犯错误叫作不知道，第二次犯错误叫作不小心，第三次犯错误则叫作不可原谅。那么，为什么有的人仍会一而再再而三地犯错呢？主要的原因是做事不用心。用心的人和不用心的人的区别就是：用心的人同样的错误只犯一次；而不用心的人同样的错误犯多次，甚至是屡教不改。

因此，我们有必要学会听从别人的忠告，尤其是那些和我们做同样工作，而又比我们工作更久的人的忠告。这些忠告来自于工作经验的总结，以及失败的教训，为的就是避免下一次犯同样的错误。

西北铁路公司的希尔先生对别人说："没有犯过一点错误的人不是一个笨蛋，就是一个懦夫。我曾经做过许多错事，将来恐怕还会做许多错事，但是每次我总能从错误中学到一点东西。"每个人都会犯错，而且肯定不止一次地犯错。犯错并不可怕，可怕的是总是重复犯同一个错误。

芝加哥的医学专家玛威尔逊说："我宁愿让一个人犯错误，也不喜欢他为自己的错误找托词来回避责任，只要他第二次不犯同样的错误。托词是一种危险的东西，容易使人养成很坏的习惯。一个从不找托词逃避责任的人，虽然工作不一定都做得很好，但他总是会尽力地往好的方面去做。"可见，对待错误，正确的方法就是对错误进行及时的认识和修正，而不是执迷不悟。一个人能够及时改正错误，才不会越陷越深，离要完成的工作目标越来越远。

太阳也有黑点，人世间的事情不可能没有缺陷。要记住：被一块石头绊倒一次不要紧，重要的是不能被同一块石头绊倒两次！

◎ 专注于做好一件事

有一个寓言"猴子掰苞谷"，说的是猴子在苞谷地里掰苞谷，刚掰下一个，觉得前面的更好，就扔下手里的去掰另一个；另一个到手，觉得还有更好的，又扔掉手里的，去掰那个"更好的"；不知不觉走到玉米地的尽头，天色已晚，只得慌慌张张随便掰了一个。回去一看，恰恰是个赖子苞谷，也只好将就了。

很多时候，人广泛涉足，难免会蜻蜓点水，到头来一事无成，而把一件事情做精做透，才是成功的秘诀。

在一望无际的非洲拉马河畔，一只非洲豹向一群羚羊扑去，羚羊拼命地四散奔逃。非洲豹的眼睛盯着一只未成年的羚羊，穷追不舍。在追与逃的过程中，非洲豹超过了一只又一只站在旁边惊恐观望的羚羊。对这些和它挨得很近的羚羊，它像未看见一样，一次次放过它们。终于，那只未成年的羚羊被凶悍的非洲豹扑倒了，挣扎着倒在了血泊中。

试想，豹子如果在追赶途中改变了目标，其他的羚羊一旦起跑，转瞬之间就会把疲惫不堪的豹子甩到身后，因此豹子始终不丢开已经被自己追赶累了的羚羊。

其实，梦想就是一只羚羊，在追逐它的途中可能会出现各种诱惑，如果你为之停留，最终将一无所获。紧追一只羊，你就多了向成功靠拢的机会。

同样的道理，一颗铁球，可以砸坏很多东西，却很难穿透布匹；一根针虽不能产生像铁球一样的破坏力，却能轻而易举地将布匹穿透。这就是一根针的力量，其奥秘在于针把浑身力量集中到一个小点上。

人生就像那颗铁球，有足够的重量、力量穿透那扇用华美布匹做成的事业之门，然而结果是，很多人穷其一生都未能穿透这块布。其根源往往是人忘了把力量集中到一个点上，今朝把力气花在这儿，明日把气力花在那儿；今朝在这儿挖一个坑，明日在那儿掘一个洞，到最后却没有一口属于自己的、能源源不断涌出清泉的井。

股神巴菲特有一句名言："如果你没有持有一种股票十年的准备，那么连十分钟都不要持有。"

任何行业、任何市场都是博大精深的。人生更是如此，需要你花一辈子的精力和时间去钻研和奋斗。任何一个大师级的人物，都只是自己那一个领域内的大师。比尔·盖茨如果去股市淘金，以他的实力，当个庄家，翻云覆雨，又有何难！但他如果真那样做了，他也就不是比尔·盖茨了。所以说，专注于做一件事，并把这件事情做好，是成功人士的一个共性！

著名的音乐家贝多芬用自己的亲身经历证明了这一道理。贝多芬的童年几乎是浸在泪水中，爱情上又是屡遭挫折，生活总是贫困、孤独。对于音乐家来说，最为重要的是听力，贝多芬却耳聋了。然而，贝多芬没有向命运低头。当贝多芬以他顽强的毅力和坚定的信念完成了自己听不到的乐曲时，全世界震惊了。

人们震惊于贝多芬并没有因耳聋而放弃挚爱的音乐，他举世闻名的九大交响曲中的后七部，竟然都是在他完全失去听觉的状态中完成的。在与命运苦战的过程中，贝多芬的执着为我们创造了美妙的音乐，为自己的人生增添了几分辉煌，也为人类树立了一座坚强的丰碑。

在这个世界上，成功的人不多，能够创造奇迹的人更少。如果你想成为这其中的一员，首要的条件就是专注、认真地将一件事做好。把一件事做好，正是创造奇迹的秘诀。

⊙ "100 - 1 = 0"

世界顶级酒店的经营理念中有一个流传甚广的公式：100 - 1 = 0，即对于你或你的组织来说，100 个客户中有 99 个满意而 1 个不满意，那么你或你的组织的服务就是不成功的。

有人可能会有反对意见："每个人都不是完美的，都会犯错误，只要尽力做好就行了。"是的，没错，但人如果只想把自己视为一个普通人，认为只要做得还行就满足的话，那么他永远也不可能成为最优秀的人。一个人只有为自己树立更为明确、更为艰难的任务和使命，才能在有限的时间里用有限的能力和资源最大限度地实现自己，创造服务和价值。

同样，对于企业来说，要完成一个产品，99% 的努力是不够的。一点差错、一点疏忽、一点马虎都不能允许。任何时候都要求 100% 的"完美主义"。"完美主义"不是"更好"，而是"至高无上"。这就是许多成功人士的经营理念。

财富、成功和幸福的获得是长久努力的结果，而不是单靠运气。在人生路上取得成功的人，个个都是靠勤奋工作才达到目标的。所以，我们应该抱着务实的态度，去踏踏实实地完成自己的工作。尤其是对于刚刚踏进社会的年轻人来说，尽职尽责地完成分内的工作还远远不够，在一没有经验、二没有能力的情况下，要想在职场上取得成功，唯有把工作做得更多、更好、更彻底。这样，才会在自己的职业领域实现人生的跨越。

做事全力以赴，不但能够使人迅速进步，还将大大影响人的性格、品行和自尊心。事无大小，每做一事，都要竭尽全力、全力以赴，这是成功者的真实写照。凡是有所作为的人，都是那些做事不肯自安于"尚可"或"马马虎虎"，必求尽善尽美的人。

有一个刚刚进入公司的年轻人，自认为专业能力很强，对待工作十分随意。有一天，他的上司交给他一项任务，为一家知名的企业做一个广告宣传方案。这个年轻人自以为才华横溢，用了一天的时间就把这个方案做完了，交给上司。他的上司一看不行，又让他重新起草了一份。结果，他又用了两天时间，重新起草了一份。上司看了之后，觉得虽然不是特别完美，也还能用，就把它呈报给了老板。第二天，老板让年轻人的上司把他叫进了自己的办公室，问他："这是你能做得最好的方案吗？"年轻人一怔，没敢回答。老板轻轻地把方案推给了他，年轻人什么也没说，拿起方案，回到了自己的办公室。然后，他调整了一下自己的情绪，又修改了一遍，重新交给了老板。老板还是那一句话："这是你能做得最好的方案吗？"年轻人心中还是忐忑不安，不敢给予一个肯定的答复。于是，老板让他拿回去重新斟酌，认真修改。这一次，他回到了办公室，费尽心思，苦思冥想了一个星期，彻底地修改完后交了上去。老板看着他的眼睛，问的依然是那一句话："这是你能做的最好的方案吗？"这次，年轻人信心百倍地回答说："是的，我认为这是最好的方案。"老板说："好！这个方案批准通过。"

有了这一次的工作经历之后，这个年轻人明白了一个道理：只有尽职尽责，才能把工作做得尽善尽美。以后，在工作中，他经常叮咛自己：不要分心，一定要尽职尽责地对待自己的工作。结果，他变得越来越出色，受到了上司和老板的器重。

一个成功的经营者说："如果你能真正制好一枚别针，应该比你制造出粗陋的蒸汽机赚到的钱更多。"无论在什么地方，一个全力以赴并做到尽善尽美的人，总是受人欢迎的。

在做事时，只要你竭尽所能，做得比一般人更好、更敏捷、更精确、更可靠、更整齐，你就能不断创新、挥洒自如，你就能引起他人的重视，从而不断发展和进步。即使你的职业是很普通的，如果你抱着尽职尽责的态度去工作，你也能获得极大的成功。

稻盛和夫从年轻时就把贯彻"完美主义"作为信条。一方面，这是他与生俱来的、先天的性格。另一方面，这也是他从工作经验中学来的，是后天形成的观念。因为在制造产品的过程中，哪怕99%都很顺利，但只要最后的1%因疏忽而出了问题，那么前面所有的努力都会前功尽弃。这样的事情时常发生，特别是新型陶瓷的制作，只要一个小差错，有一点粗心，就会造成致命的失败。

这就是 $100 - 1 = 0$ 的道理。

正是因为贯彻了这样的"完美主义"，稻盛和夫的京瓷才在不断创造新产品的同时，取得了持续的成长和发展。

同样，在生活中，能做成事业的人，都是具有"完美主义"，并将此贯彻始终的人。所有的行业、所有的职位都适用这一条规则。

人做事时，要想做到"完美无缺"，就必须注重细节。要坚持不厌其烦，持续、专业地做事。无论做什么事情，只有天天持续努力才会进步。即使是简单枯燥的事，在持续努力的过程中，也能够积累非常有用的技术和经验。

让自己成为一个完美的人，有了这个信念，就会有成功的原动力。如果人人都追求自我完善，那么这个社会一定是个美好的社会，是个尽善尽美之风充盈于世的社会。

◎ 挑战更高的高度，收获更多的信心

跳蚤是自然界最著名的"跳高冠军"，一只跳蚤可以跳的高度，是跳蚤身高的 350 倍以上。如果人有跳蚤这么强的弹跳能力，按这个比例计算，将跳上 600 米左右，这将难以想象。

有人曾做过这样一个实验：将一只跳蚤放进杯中。开始，跳蚤一下就能从杯中跳出来。随后，将杯子盖上一个透明盖，跳蚤仍然会往上跳，结果跳蚤一次次跳起，一次次被撞，碰了几次盖后，它碰疼了，它"聪明"了，慢慢就不跳那么高了，而是根据盖子的高度来调整自己所跳的高度。这时将盖拿走，会发现那只跳蚤已经不能跳出杯子了，因为它将目标定到了不及盖的高度。

"跳蚤定理"实际上是一种心理障碍定理，人只有突破心理障碍，才能有信心挑战更高的高度，进而取得更大的成功。

"跳蚤定理"告诉我们，每个人都有能力发现自己，但不幸的

是，很多人在奋斗的过程中因为跌倒或者碰壁碰疼了，结果就"聪明"地学会了逃避，进而出现了"跳蚤效应"，形成了自身难以逾越的心理障碍，逐渐对自己失去信心，并开始怀疑自己的能力，自我设限。

拿破仑·希尔曾说过："进取心是一种极为难得的美德。"进取心不仅是生命的动力，是人生价值的自我体现，更是一种求知欲望，是一种好奇心。进取心在行为上就是不断挑战更高的高度。

有了不断挑战更高的高度的想法，人的思维才能始终保持活跃状态，才能有进一步获取新知识的渴望，才能不断充实自己、提高自己，更好地体现自我价值。

进取心在很大程度上来自于对自我的挑战、对更高难度的挑战。每一个挑战更高难度的过程中，都会迫使人付出比一般时候更多的努力和汗水，同时激发人更深层次的潜能，从而使人获得更大的成绩，这样一来也就收获了更多的自我肯定，获得了更多的自信心。

挑战是一个人成功的起点。有了挑战之心便如江河找到了自己的发源地。发源地的地势越高，前进的动力自然就越足，人生的道路也才会走得更远、更广阔。

1908年伦敦奥运会之前，瑞典奥委会的几位官员前往那维亚山，找到了一位叫奥斯卡·斯旺的老人。官员们告诉斯旺老人，希望他的儿子能够代表瑞典队前往伦敦，参加奥运会射击比赛。

当时，斯旺父子是第一次听说奥运会。斯旺老人问："奥运会有没有年龄限制?"为首的官员说:"没有。"斯旺老人马上说:"那我能不能参加?"

官员们望望一把胡子的老人,互相对视后说:"您这么大年纪了,让儿子去就可以了。"言外之意,是嫌他岁数大了。

斯旺老人是个倔强的老头,从年轻时就争强好胜,听到这儿,他抓着自己的枪就站了起来,说:"你们跟我来。"

一行人来到外面。斯旺老人提着枪,目光往远处搜索着。这时,一只鸟正好飞过,老人抬手一枪,"嘭"的一声,鸟落了下来。老人神乎其神的枪法震惊了官员。他们欣喜地说:"其实我们这次就是闻您老的大名而来的,您这一枪打消了我们的顾虑。好,你们父子一起去吧!"斯旺老人这才笑了,他将枪一举,说:"我保证给瑞典队拿一块奖牌回来。"

在射击训练场地,斯旺老人虽然年迈,但他仍和儿子一样,每天完成训练任务。这让奥委会的官员们很感动,作为一个老人,别说训练了,就是在场地上站上几个小时,也不容易,但斯旺老人没叫过一声累。

令人想不到的是,在集训中,斯旺老人的肘部不慎碰伤了,疼痛让他无法持枪。短短一周的时间,老人须发全白,仿佛一下子苍老了许多。那天,老人吊着胳膊到训练场观看儿子训练,看着看着,老人突然淌下泪来。儿子知道老人的心情,说:"您放心吧,我会为国家取得好成绩的。"

　　斯旺老人看着儿子，仿佛看到了自己年轻时的样子，他说："不行，我不能服老，既然我在委员们面前许下了诺言，就一定要去拼。"之后，斯旺老人靠着顽强的毅力，咬牙坚持训练，虽然每次端起枪都会使他痛苦不堪，但是，老人心底有个倔强的声音说：不能放下枪，不能服老。

　　经过顽强的努力和训练，在1908年伦敦奥运会射击比赛中，已经60岁的斯旺老人以稳定的命中率，击败其他14名选手，为瑞典队获得了第一块奥运会射击金牌，之后又和儿子协力取得射击团体赛冠军。

　　斯旺老人的表现震惊了看台上的观众，观众们将雷鸣般的掌声送给了这位奥运赛场上年龄最大的冠军。那天，国际奥委会主席顾拜旦和英国国王亲自为他颁发了奖牌。

　　可见，给自己设定的目标越高，动力就越大。在挑战面前，人要充满斗志，这样才能克服困难。

　　罗斯福曾说："杰出的人不是那些天赋很高的人，而是那些把自己的才能在尽可能的范围内发挥到最大限度的人。"

　　挑战更高的高度不仅让生命充满乐趣，而且让生命充满意义。"只有想不到，没有做不到"，越是高难度的挑战，越会给人带来斗志，意志也会越强，成功后获得的信心也越多。

◎ 挡住你的其实只是"一张纸"

一位伟人说过："人要学会走路，也得学会摔跤，而且只有经过摔跤才能学会走路。"面对人生的许多挑战、许多坎坷和陷阱，谁能保证不输、不跌倒？但输了、跌倒并不可怕，可怕的是没有站起来的勇气。

在生活中，被困难拦住了前进的脚步的人多是有所谓的恐惧心理的人。他们害怕挑战，挣脱不了心灵对自我的束缚，不能正确认识自己，即使有能力，他们也不敢尝试。

还有些人"一朝被蛇咬，十年怕井绳"。他们在过去受过某种刺激，大脑中形成了一个兴奋点，当再遇到同样的情景时，过去的经历被唤起，就会产生恐惧感。

恐惧心理还与人的性格有关。一般从小就害羞、胆小的人，长大以后也会不善交际、孤独、内向，易产生恐惧感。

其实，很多时候，人只是被自己吓到了，而实际挡在人面前的并没有想象的那么可怕。只要勇敢地迈出第一步，人慢慢就能克服自己的恐惧心理了。

乔纳森是一家大公司的经理。很多年来，他都害怕乘电梯。每天早晨上班的时候，他宁愿从楼梯爬上七楼的办公室。如果他需要见别的公司的人，而那些人的办公室又在很高的楼层上的话，他总是找理由让对方到自己的办公室来，或到饭店去谈生意。出差对他来说简直就是一种折磨，他每次都得提前给旅馆打电话，确保他的房间在低一点的楼层上，让他可以爬楼梯上楼。

这种恐惧实际上是由乔纳森的潜意识造成的。后来，经过心理医生的帮助，他意识到应下决心改变这一情况。他站在电梯门口，告诉自己"不可怕"，他这样对自己说：

"在我们公司里安装电梯是再好不过的设计了，对我们所有员工来说都是一个恩典，它提供了很棒的服务。乘坐电梯时，我感到安全和快乐。现在，生命之河流、爱和理解之河流正在我身上流淌，我依旧保持着安静。

"现在我正在乘坐电梯，我已步出电梯走进了办公室。电梯里都是我的同事，他们都很友好、很快乐，我们自由地交谈着。这种感觉真好，我感到了轻松和自信，我感谢电梯。"

他这样说了10天。第11天，他跟公司的其他员工一起进入了电梯，他心里不再害怕了，而且非常轻松。

人生下来的时候，天生就有两种恐惧：害怕从高处跌落，害怕突然的噪音，这非常正常。因为，人有一个天生的预警系统，它能保护人不受伤害。

正常的恐惧是有益的。比如，当你听到一辆摩托车呼啸而来时，你会立马躲开，以免被它撞了。随着你躲开的动作，这种怕被撞到的暂时的恐惧也会很快消失。

但有一些是不正常的恐惧。它们源于过去的特殊经历，人们可能在很小的时候，受父母、亲戚、老师或其他的影响，产生了恐惧心理。

约翰曾经是美国军队的一名牧师。他说，第二次世界大战的时候，他乘坐的飞机被敌军击落，他跳伞落到了新几内亚高山的丛林里。他当时害怕极了。但是他知道，恐惧有两种，正常的恐惧感和不正常的恐惧感。此时，试图控制住他的，正是那种不正常的恐惧感。

约翰决定立刻消除这种恐惧心理，于是他对自己说："约翰，你不能向恐惧投降，你所渴望的是安全获救，你会有出路的。"

约翰站在一条小路上，让自己的呼吸平静下来。当他感到放松下来的时候，他开始祈祷："无限智能啊，你将飞机引到了这条路上来，现在，你将引导我走出丛林，让我安全获救。"他这样大声地对自己喊了十多分钟。

"突然，"约翰讲道，"我感到心里面被什么东西叮了我一下，那就是信念。我被一种力量带领到了小路的另一头，在那儿有一条路，我就开始沿着那条路走。走了两天后，我奇迹般地看到了一个小村庄，村里的人很友好，他们给我吃的，最后把我带出了丛林。最终，我被一架救援飞机接走了。"

如果约翰当时只是抱怨自己的命运，并沉湎于恐惧的情绪中，他一定会屈从于死亡的恐惧，从而不敢做出任何自救的举动，那么也许他就会真的死于饥饿和恐慌。

所以，当你身处异常恐惧之时，请立刻把注意力集中到你所渴求的事情上，沉浸在对你所渴求的场景的想象中。要相信，主观的意志一定会打败客观的事物，这种态度不仅会给你自信，还会令你振奋，使你潜意识中的"无限智能"一直跟着你前进。它不会令你失望，你一定会得到安宁和信心。

除此之外，在平时的生活中提高对事物的认知能力，扩大认知视野，判定恐惧源，也是一种克服恐惧的方法；培养乐观的人生态度和坚强的意志，通过学习英雄人物的事迹，用英雄人物勇敢顽强的精神激励自己的勇气；积极参加加强心理训练，提高各项心理素质等等，这些行为都有益于我们在"挑战"面前变得更加强大，更有突破精神。

总之，当恐惧来敲你的心灵之门时，当焦虑和疑惑来侵扰你的心房时，要记住你的目标，想一下你潜意识里"无限智能"的力量，它能源源不断地产生思想和憧憬，给你信心、力量和勇气。只要你克服了恐惧，任何障碍都会成为超越自我的"垫脚石"。

◎ 告诉自己"我能行"

美国著名的成人教育学专家卡耐基发现，世界上根本就不存在生来就胆怯、害羞、爱脸红的人，这些异常的心理现象都是人在后天的成长过程中因某种经历诱发生成的。这些现象既然是后天形成的，那就一定能克服。

卡耐基说："世界上没有一点都不胆怯、害羞和爱脸红的人，包括我自己。人人都会这样，只是程度不同、持续的时间有长有短而已。"从心理学上讲，羞涩的人太过在意别人对自己的看法，而缺少应有的自信，比如，不敢当众表达自己的感受，害怕自己做的不合他人之意，等等。

夏薇是一名大学毕业生。用她自己的话讲，在学校学习乃至后来参加工作，她在学习成绩和专业技能上可以说都是同龄人中的佼佼者。可是她生性胆怯，怕与陌生人打交道，一开口讲话就脸红。有时不得不随单位或是丈夫参加一些社交活动，她总是感到非常不自在。

最让夏薇感到难过的是，有一年，单位要搞处级干部竞争上岗，其中一关是"施政演说"。她没有足够的勇气和胆量，最后只好放弃。她的专业和资历绝不比别人差，然而就是这个由"胆怯、害羞"造成的自卑拖了她的后腿！心态的不开放、想法的单一性也是造成她自卑的主要原因。

由此我们可以看出，这种所谓的"羞涩"和不自信的想法会严重阻碍人的发展，是人迈向成功的"绊脚石"。

我们要想克服胆怯、害羞的种种不良表现，须先改变心态，然后再进行必要的心理调适和训练。可以尝试下面的方法：

方法一：注意行走姿势，昂首挺胸。

心理学家告诉我们，懒洋洋的姿势和缓慢的步伐，能滋长人的消极思想；而改变走路的姿势和速度可以改变人的心态。平时你没有意识到这一点吧？从现在就试试看！

方法二：抬起双眼，目视前方，眼神要正视别人。

心理学家告诉我们：不正视别人，意味着自卑；正视别人表露出的是诚实和自信。同时，与人讲话时看着对方的眼睛也是一种礼貌的表现。

方法三：敢于当众发言。

卡耐基说，当众发言是克服羞怯心理、增强自信心、提升热忱的有效突破口。这可以说是克服自卑的最有效的办法。想一想，你的自卑心理是否多次发生在这样的情况下？你应明白，当众讲话，谁都会害怕，只是程度不同而已。所以，不要放过每次当众发言的机会。

方法四：克服心理障碍，多做人前发言。

心理学家告诉我们：有关成功的一切都是显眼的。试着在乘坐地铁或公共汽车时，在较空的车厢里来回走走；或是步入会场时有意从前排穿过，并选前排的座位坐下，以此来锻炼自己的胆量。

当你慢慢地从自卑的心理走出来之后，你就会发现自己已经远离"羞涩"了。之后要做的就是给自己自信，告诉自己"我能行"。

自信是成功的第一步，很多时候自信来自积极的自我暗示。增加自信心也有一定的窍门，可以参考下面这11个增强自信心的法则。

法则1：首先对自己抱有希望。如果你连使自己改变的信心都没有，又谈何改变其他？要对自己宽容，接纳自己，悦纳自己。

法则2：表现出信心十足的样子，这会使你勇敢一些。想象你的身体已接受挑战，显示自己并不是全然的害怕。

法则3：想一想，别人也曾面对沮丧和困难，却克服了它们，别人既然能做到，你当然也能。

法则4：记住，你的生命是以某种节奏前进的。你若感到失意、消沉，无力面对生命，你也许会沉至山谷的底部；但是你若保持自信，便可能利用当时正扯你下坠的那股力量，跃出山谷之外。

法则5：记住，夜晚比白天更容易使你感到挫败和气馁。自信多与太阳一道升起。

法则 6：只有想不到的事情，没有干不成的事情。

法则 7：我们大多数人所拥有的自信，远比我们想象的更多。

法则 8：克服局促不安与羞怯的最佳方法，是对别人感兴趣，并且关注他们。这样胆怯便会奇迹般消失。为别人做点事情，举止友好，你会得到惊喜的回报。

法则 9：只有一个人能治疗你的羞涩不安，那便是你自己。没有什么方法比"忘我"更好。当你感觉胆怯、害羞和局促不安时，应立刻把心思放在别的事情上，转移注意力。

法则 10：只要下定决心，就能克服任何恐惧。请记住，除了在脑海中，恐惧无处藏身。

法则 11：害怕时，把心思放在必须做的事情上。如果准备充分，便不会害怕。

其实，不管什么法则，都先要过自己内心这一关。世界上没有谁比自己更容易打败自己。只要相信自己能行，就能勇敢地迈出第一步，从而取得成功。

自己不给自己设置障碍，勇敢地站出来，告诉世界"我能行"，这样你才真的有"能行"的可能。

人完全可以变得比现在更勇敢、更优秀、更强大。这需要人挑战自我、超越自我。超越自我的成功者能够激励自己拒绝平庸，向着更高的层次迈进。

◉ 有准备的人才会有机会

美国心理学家布利斯曾做过这样一个实验：把学生分成三组，进行不同方式的投篮技巧训练。第一组学生在 20 天内每天练习实际投篮技术，然后把第一天和最后一天的成绩记录下来。第二组学生也把第一天和最后一天的成绩记录下来，但在 20 天内不练习实际投篮技术。第三组学生把记录下来第一天和最后一天的成绩，然后每天花 20 分钟做想象中的投篮技术练习；投不中时，他们便在想象中做出相应的纠正，然后再用比第一组学生更短的时间进行训练。实验结果表明，第二组学生在这段时间里没有丝毫长进，第一组学生的成绩提高了 24%，第三组学生则提高了 36%。由此得出结论，在行动前进行"头脑热身"，构想做事的每个细节，梳理思路，然后把规划和行动的目标、方式深深地刻在脑海中，这样当真正行动的时候才能更得心应手。

这个实验告诉我们的就是，做事要有计划性。做事没有规划，行动起来就会是一盘散沙，只有事先拟定计划，梳理畅通做事的步骤，做起事来才能得心应手，应付自如。计划作为一个人实现理想的指导，可以大大节省做无用功的过程，避免浪费精力，减少走弯路的时间。

没有人计划失败，可是有很多人因为没有计划而失败。有人有运气助一臂之力，更多的人必须靠计划才可以插上追求成功的翅膀，但真正能够飞得高飞得远还要靠计划的周密性、科学性。

一个人应该事事有规划，时时有计划，在一生中的每个阶段、每年、每天对每件事情都有所规划，然后按部就班地按照规划行事，才能提高工作效率，有所成就。

凡事预则立，不预则废，好的计划是成功的一半。做一件事只有美好的设想是远远不够的，计划可以让人对设想进行科学的分析，让人知道这样的设想是否有实现的可能。

磨刀不误砍柴工。没有计划和准备的勤奋是效率低下的勤奋；没有计划和准备的敬业是不断贬值的敬业；没有计划和准备的忠诚是盲目的忠诚；没有计划和准备的主动是浪费时间的主动。当一切先有计划，并准备就绪时，问题就会因为你有所计划和准备充分而一个个地被解决掉。

艾米和海德同在一家公司做销售助理，两个年轻人因为刚刚入职，都做得非常卖力，但他们后来的发展却大不相同。读了下面的故事我们就能知道原因出在哪里。

一天，海德预约的一个客户按时来到公司，找到正在忙碌的海德。此时的海德正低头埋在一大堆客户资料中，焦头烂额地分类。看到已经到来的客户，海德才想起这个早已预约好的签单业务。当海德满怀歉意地请客户来到洽谈室的时候，这才发现应该复印的文件和资料以及产品说明书都还没有准备好，不禁大惊失色，连声道歉，匆忙跑去复印。等一切准备就绪后，客户已经十分不耐烦了。当海德满怀歉意地向客户介绍产品的性能时，才发现在慌乱中，他把产品说明书复印错了。这次，客户没有再等待，而是直接转身离去了。

海德的懊丧可想而知，但经理没有过多地批评他，只是告诉他，明天艾米也有一个签单业务，让他去看看艾米是怎样做的。

第二天，艾米按照预约的时间，笑容可掬地站在洽谈室门口等待客户的到来。客户没有迟到，但还是对艾米的等待多少有些意外。可以看得出来，这种被重视的感觉让客户心里很满意。海德不禁想起昨天自己对客户的态度，脸不由地红了起来。这时，艾米不慌不忙地打开文件夹，里面的产品资料、使用说明、文本合同一应俱全。艾米有条不紊地一项一项地向客户介绍产品的情况，并把近期公司举行的优惠活动详细地告诉了客户，还站在客户的角度上提出了一些非常有益的建议。这笔生意成功地谈成了，艾米也因此得到了提升的机会。

我们应制订每日计划。因为每天都可能遇到很多会分心的事情，所以这一步至关重要，而且也不难。用 5～10 分钟在脑子里过一遍今天要做的事。在纸的正中划一条竖线，一侧标上"待做"，另一侧标上"已完成"。然后把今日要完成的任务，按优先级排列，记录在纸上，并且注明每项的时限，同时要留有一定的缓冲和过渡的时间。最重要的事排在首位，在每一天快结束时处理收件箱和整理笔记本。

设定 30 分钟高效时段。将计时器设定为倒计时 30 分钟。当计时器走完一次，就立刻停下手中的工作，带着今日计划和笔记本去别处转转。用 3 分钟来回顾一下前 30 分钟里完成的事，把其中已经完成的事项记录到"已完成"一栏里；同时，对照计划表检查自己当前的进度已经完成了多少，再根据计划看看接下来该做什么。你也可以在这段时间里做一下简单的伸展活动。当你再次回到工作中时，可以根据刚刚的检查情况对目前的任务目标进行适当的调整。若你的工作进度完成良好，就继续下一个高效的 30 分钟吧。

如此一来，你的工作就会变得井然有序，效率也会随之大大提高。这样你就可以每天享受充实的生活，感受在同样的时间里比别人创造更大价值的快感了。

正如古语所说的："天将降大任于斯人也，必先苦其心智，劳其筋骨，饿其体肤，空乏其身，行拂乱其所为。"做好充分准备，实际上是人发挥自己优势的必要条件，也是抓住机会的秘诀所在。

⊙ 摆正自己的位置

苏格拉底说："我知道我一无所知。"很多时候，我们不愿意去认识自己，不愿意深入探索人生的意义，最终，常有自卑的心理出现，或总觉得周围的一切与自己作对。我是谁？我从哪里来，又要到哪里去？为什么我们活得如此自私自利？……这些问题从远古时期，人们就开始问自己，直至今天，仍没有得出令人满意的结果。即便如此，人们从来没有停止过对自我的追寻。

事实证明，人常常迷失在"自我"当中，很容易受到周围信息的暗示，并把他人的言行作为自己行动的参照。

1968 年 8 月 14 日，美国黑人女性、好莱坞最红的女明星之一哈莉·贝瑞出生于俄亥俄州克利夫兰。这位"黑珍珠"集美丽、智慧和坚韧于一身。从 17 岁开始，她就接连不断地荣获令人羡慕的殊荣与奖励；7 次入选美国《人物》杂志评选的"50 个最美丽的人"。2010

年，第74届奥斯卡金像奖颁奖典礼在洛杉矶隆重举行，哈莉·贝瑞凭借在电影《怪物午宴》中的精彩表演获得了奥斯卡最佳女主角奖，成为奥斯卡历史上的第一个黑人影后。她手捧奥斯卡小金人，兴奋地高高举起。

但是，即使是命运的宠儿也不可能永远一帆风顺。2010年2月26日晚，命运同哈莉·贝瑞开了一个天大的玩笑，她从人生的巅峰坠进了人生的谷底。在第25届"最差"奖颁奖仪式上，她主演的《猫女》被评为"最差影片"，她也被评为"最差女主角"。她走上领奖台，用曾经接受过奥斯卡最佳女主角奖杯的手接过了金酸莓"最差女主角"的奖杯，成为第一位亲手接过此奖杯的好莱坞女影星。对于这个带有恶作剧意味的颁奖，好莱坞的明星大腕们从不正眼相看，也从来没有一个当红的女明星参加过这个颁奖仪式，更没有一个当红的女明星有勇气亲手接过授予自己的"最差女主角"奖杯，但哈莉勇敢地面对了这一切。她在发表获奖感言时说："赢得'最差'奖，这不是我曾经立志要实现的理想。但我仍然要感谢你们，我会将你们给我的批评当作一笔最珍贵的财富。"她最后对大家说："请相信，我不会停下来，我今后会带给大家更精彩的表演。"

哈莉·贝瑞在人生的巅峰时没有忘乎所以，认为自己是绝对的成功；在人生的谷底时也没有一蹶不振，认为自己是绝对的失败。她正确认识了自己，并难能可贵地认为，在人生旅途的地平线上，成功与失败同样是崭新的开始。

一天，一个男孩从监狱里参观回来问爷爷："为什么监狱里会有那么多坏人？"爷爷想了想，回答："在每个人的心中都有一团火，而让它燃烧起来的是那些添柴火的人。""那么谁是那些添柴火的人呢？""他们的父母、老师、同学和朋友等，都可能是他们的添柴人。如果他们经常受轻视、惩罚、欺负、打骂、责备，酗酒、赌博，这些责骂、冷漠、诱惑的柴火，就可能点燃他们心中愤怒、嫉妒、悲伤、自卑、贪婪、罪恶的火种。"

男孩若有所思，过了一会儿问道："爷爷，那么怎样才能灭掉那罪恶之火呢？""可以添加一把善良的柴火。因为每个人的心中除了罪恶的火种，还有善良的火种，它包括欢乐、希望、善良和爱。善良之火能战胜罪恶之火。"

男孩似乎仍有些不解，再次问道："爷爷，如果有人欺负我，我该怎么办呢？"爷爷收拢起旁边的干草然后点燃。望着这堆火，男孩一脸迷惑。这时，爷爷拾起一根木柴说道："孩子，这根木柴好比是欺负你的人。"随后将木柴扔进了火中，木柴燃着了，爷爷问男孩："要想减弱火势，你该怎么办？"男孩思考了一会，拾起刚才的那根木头扔在了一旁，火势骤减。爷爷十分欣慰，再次语重心长地说道："好样的，孩子。那些欺负你的人是你的添柴人，但也仅仅是你的添柴人，而摆放柴火位置的人，仍然是你自己。"

纵观历史，成功的人往往性格倔强，也就是我们常说的有"牛脾气"。正是凭借这种"牛脾气"，他们能在遇到困难甚至是命运的不公时，坚持自己的路，不向命运屈服，成就大事业。

1996年亚特兰大奥运会后，邓亚萍由时任国际奥委会主席的萨马兰奇提名，成为国际奥委会运动员委员会的一名委员。国际奥委会在正式场合使用的官方语言是英语和法语。只会说中文的邓亚萍，只好每次会议都带翻译，而所有委员中，只有她一人带翻译，翻译过来的语言难免滞后，常让她陷入尴尬。性格倔强的邓亚萍告诉自己，如此重要的工作岗位，自己必须也一定要胜任！

1997年，邓亚萍退役，以英语专业本科生身份进入清华大学学习。第一堂课英语老师问她："你的英语水平是什么程度？"邓亚萍嗫嚅道："我能写出26个英文字母。"在费了九牛二虎之力后，总算写出了有些是大写、有些是小写的26个字母，她不好意思地对老师说："我现在只有这个水平，不过请老师放心，我一定会努力，也会赶上其他同学的！"

在当天的日记中邓亚萍写道："现在我是清华大学最差的学生，但我相信，过不了多久，我会成为清华最优秀的学生。"

后来邓亚萍在回忆这段生活时说："上学和打球完全是两码事，为了赶上课程，我拼命地学，导致睡眠不足，上课总是犯困，眼睛老睁不开，恨不得用根棍儿把眼皮撑起来。在打球时，我两眼视力都是1.5，毕业时，一只眼睛的视力已下降为0.6了。"正是凭着这股"牛劲"，邓亚萍不但以优异的成绩获得清华大学英语学士学位，而且获得了英国诺丁汉大学硕士学位。

在此之后，邓亚萍又赴英国剑桥大学攻读博士学位。邓亚萍拿出打球时不服输的劲头玩命地学习，把研究方向定位于"2008 年奥运会对当代中国的影响"。而此时，作为国际奥委会委员，她一边要忙北京奥组委的筹备工作，一边还要进行博士论文的准备。2004 年春节假期，她为了赶写剑桥大学博士论文，放弃了与亲人团聚的机会，买来一堆速冻饺子度过春节。这种日子一直持续到她学业结束。

辛勤的汗水终于换来了回报。2008 年 11 月 29 日，当剑桥大学校长理查德在学校礼堂前的草坪上亲自授予邓亚萍经济学博士学位，并为她戴上剑桥博士帽时，剑桥大学城内所有教堂的钟声顿时响起，在丈夫林志刚和两岁的儿子林瀚铭以及当地朋友的陪伴下，邓亚萍按照剑桥的古老传统完成了全部仪式。那一刻，她泪流满面，哽咽着说："在经历了 11 年的艰辛后，今天我终于圆了剑桥博士的梦，激动的心情绝不亚于夺得奥运会金牌。"

邓亚萍正是凭着这股"牛脾气"，最终实现了自己的目标。

所以，无论面对成功还是失败，无论身处巅峰还是低谷，人都要摆正自己的位置，正视自己，并不断努力。

◎ 低调容人是人生至勇

为人处世，不用随时标榜自己的成就和优势，因为这样反而会影响你在周围人心目中的形象。相反地，低调做人，才能更受大家的欢迎。

低调，是为了厚积薄发；低调，是后发制人的秘密武器，能够使人运筹帷幄之中，决胜千里之外；低调，是一种冷静处世的观念，有助于看透事物的本质。

低调做人，是一种品格，一种姿态，一种风度，一种修养，一种胸襟，一种智慧，一种谋略。低调做人，不仅可以保护自己，融入人群，与人和谐相处，也可以让人积蓄力量，悄然潜行，在不显山不露水中成就事业。

低调做人能有一颗平凡的心，不至于被外界左右，冷静，务实，这是一个人成就大事的最起码的前提。

低调做人在于姿态和言辞上的低调。姿态上的低调，能用平和的心来看待世间的一切，不至于被外界左右；言辞上的低调，可防祸从口出，避免麻烦，也更容易被人接受。

低调做人还在于心态上要低调，不恃才傲物，取得成绩时，与人分享，为人谦卑，大度睿智。

达·芬奇说："微少的知识使人骄傲，丰富的知识使人谦逊，所以空心的禾秆高傲地举头向天，而充实的禾穗却低头向着大地，向着它们的母亲。"

低调做人是一种境界，是一种心态和精神。地低成海，人低成王。一个人不管取得了多大的成功，不管名有多显、位有多高、钱有多丰，面对纷繁复杂的社会，都应时刻保持低调。

法国电影明星洛依德有一次去修车，一名女工接待了他。女工长得很漂亮，车修得也很好，这一切都吸引了洛依德，他想进一步和她接触，便问她："你喜欢看电影吗？"

"当然喜欢，我是个影迷。好了，先生，你可以开走了。"女工说。

洛依德却依依不舍地说："小姐，你可以陪我去兜兜风吗？""不，我还有工作！"洛依德依然不死心，再次问道："既然你喜欢看电影，那你知道我是谁吗？""当然知道，您一来我就认出您是当代影帝阿列克斯·洛依德。"女工平静地回答。

"既然如此，你为何对我这样冷淡？"洛依德问。"不！您错了，我没有冷淡。您有您的成就，我有我的工作。来修车的就是我的顾客，我会一视同仁地接待，您也应该尊重我。人与人之间不应该是以尊重为前提吗？"女工的一席话使洛依德的心灵受到极大的震动，他开始反思自己，身为万众追捧的影帝，他在这个普通女工面前感到了自己的浅薄和虚妄。

生活中，每个人或多或少有些值得骄傲的地方，但即使这样，也仍须低调。

成熟的麦穗，是弯着腰的。成熟的人，是谦卑、懂得尊重他人的。低调谦虚，不是自卑，也不是怯懦，而是一种智慧、一种清醒。有些人的潜意识里总是习惯性地忽视"尊重"这个词，完全以自我为中心，如果总是高看自己，狂妄张扬，长久下去，必将一事无成。而一个人若看低自己，谦虚低调，不肆意轻狂，对于实现自己的人生价值将不无裨益。

有个风华正茂的青年，非常轻视老人。一天，这个青年陪同爷爷游公园。青年顺手摘了一朵鲜花，说道："爷爷，青年人就像这朵鲜花一样，洋溢着生命的活力。老年人怎么能和青年人相比呢？"爷爷听罢，含笑不语。

在经过小卖部的时候，爷爷买了一包核桃，取出一颗，说道："孩子，你比喻得不错。如果青年人是鲜花，老年人就是这干皱的果实。不过，鲜花喜欢让生命显露在炫目的花瓣上；而果实却把生命凝结在深藏的种子里。"青年不服气："要是没有鲜花，哪儿来的果实呢?"爷爷哈哈大笑:"是啊,所有的果实,都曾经是鲜花,然而,却不是所有的鲜花都能够成为果实。"

一个有涵养、有智慧的人,不会受到外界环境的影响,他可以和不同的族群、不同的文化、不同的阶层和谐相处,兴趣和经历的不同都不会妨碍与他的交往,因为他尊重别人,所以别人也尊重他。如果你也能够这样做,周围的人一定也会给予你丰厚的报答。

胆识篇

⊙ 拥有"空杯心态"，飞得更高

古时候有一个佛学造诣很深的人，他听说某个寺庙里有位德高望重的老禅师，便去拜访。老禅师的徒弟接待他时，他态度傲慢，心想："我是佛学造诣很深的人，你算什么？"

老禅师十分恭敬地接待了他，并为他沏茶。可在倒水时，明明杯子已经满了，老禅师还不停地倒。他不解地问："大师，为什么杯子已经满了，你还要往里倒？"老禅师说："是啊，既然已满了，干吗还倒呢？"禅师的意思是：既然你已经很有学问了，干吗还要到我这里来求教？

这个故事就是后来著名的"空杯心态"的起源。"空杯心态"是有胆识的表现，其象征意义是做事的前提是先要有好心态，即人如果想学到更多学问，先要把自己想象成"一个空着的杯子"，而不是骄傲自满。

　　"空杯心态"并不是一味地否定过去，而是要怀着否定或者放空过去的态度，去融入新的环境，对待新的工作、新的事物。

　　"空杯心态"是对过去的荣耀、挫折等的一种舍弃，也是对自己的一种否定，只有舍得之后才能获得更多。一个人否定自己需要很大的勇气，但唯有如此才能找到差距和不足，找到应该努力的方向。

　　知了向大雁学习飞行。学飞是一件很辛苦的事，知了怕吃苦，一会儿东张西望，一会儿跑东蹿西，学得很不认真。大雁给它讲怎样飞，它听了几句，就不耐烦地说："知了！知了！"大雁让它多试着飞一飞，它只飞了几次，就自满地嚷道："知了！知了！"

　　秋天到了，大雁要到南方去了。知了很想跟大雁一起展翅高飞，可是，它扑腾着翅膀，却怎么也飞不高。

　　这时候，知了望着大雁在万里长空飞翔，十分懊悔自己当初没有努力练习。可是，为时已晚，它只好叹息道："迟了！迟了！"

　　人生是一场盛宴，我们不能像知了一样因小小的成绩就得意忘形，或者甘于认命。尤其是当我们还是青年的时候，更要学会"空杯心态"，既不能因一时的失败或挫折而一蹶不振，也不能因小小的成绩而得意忘形，我们要时刻保持"空杯"，勇于放下，这样才能取得更好的成绩，才能在今后的道路上走得更稳、更远。

　　世界球王贝利在20多年的足球生涯里，参加过1364场比赛，共踢进1282个球，并创造了一个队员在一场比赛中射进8个球的纪录。他超凡的技艺不仅令万千观众心醉，而且常使球场上的对手拍手称绝。当他个人进球记录满 1000 个时，有人问他："您哪个球踢得最好？"贝利笑了，意味深长地说："下一个。"

贝利的回答含蓄幽默，耐人寻味，其中包含深层次的含义——永远不要把过去当回事，永远要从现在开始，进行新的超越！当人生"归零"成为一种常态、一种延续、一种不断时刻要做的事情时，也就实现了自己内心的全面超越。

视自己为"空杯"就是忘却过去，特别是忘却成功。人受到批评要警惕、警醒，得到赞扬更要警惕、警醒。在鲜花和掌声面前，要看到差距；在困难和挫折面前，要不失信心；这是成熟和进步，更是保持低调的秘诀。

空杯心态就是不断学习，与时俱进。有的人，学习时怀有很重的功利目的，不是真正学习去了，而是为了"混文凭"；混上了文凭，评职称；评上了职称，往上爬。学习，成了工具和手段，别说"空杯心态"，连起码的学习心态都没有，怎么可能学到真正的学问？

有"空杯心态"的人，知道"天外有天，人外有人"。在知识经济时代，科技飞速发展，知识更新加快，如果不虚心学习新的知识和方法，即使你原来的专业知识很扎实，你也一样会被社会的进步潮流所淘汰，所以人应活到老，学到老！

人在迈向成功的道路上，每当实现了一个近期目标，绝不应自满，而应主动迎接新的成功，把原来的成功当成是新的成功的起点，有一种"归零"的心态。这样人才永远有新的目标，才能攀登新的高峰，才能获得无穷无尽的乐趣。

一个人若学不会忘记过去，那么他也不可能创造将来。人只有一个最佳选择——将过去全部释放，以一种"空杯心态"面对现实的挑战与机遇。忘记过去，留个"空杯"给明天，才会盛满更多更美的东西。

◉ 接受逆境的考验

苦难对于弱者是一个万丈深渊，对于强者则是一块垫脚石，是一笔财富。历史上很多做出杰出贡献的大人物都是从逆境中崛起的。

马克思一生贫困潦倒，衣食无保，却创立了伟大的马克思主义理论，为人类解放指明了道路和方向。歌德失恋后，出版了轰动世界文坛的《少年维特之烦恼》。司马迁遭受宫刑后，忍辱负痛，为后世留下了历史巨著《史记》。曹雪芹在"举家食粥粥常余"的困境中写出了鸿篇巨制《红楼梦》。孙中山革命一生，历经多次失败，最终取得了辛亥革命的伟大胜利，成为伟大的民主革命家。

众所周知，逆水行舟，不进则退。人生的成长也和逆水行舟的道理差不多。人处顺境，固然很好，但人往往会因为一切太顺利，而把刻苦的追求埋藏，把耐劳的精神遗忘，最终，稍微遇到一点困难和遭遇一点不幸就会迷失方向。

相反，逆境成才，有些人因为曾经遇到太多的风浪，因为遭遇失败的次数太多，因为个人没有太多的辉煌，所以自始至终都在顽强不息地奋斗，直到实现自己的理想。身处逆境的人知道，不前进就会被淘汰，不努力就没有希望。

让我们一起来看看美国著名总统林肯先生一生的经历，相信会带给你一定的启发：

林肯9岁丧母；22岁时，经商失败；23岁时，竞选州议员落选，同年，工作丢失想就读法学院，却未被入取；26岁时，即将结婚的未婚妻死亡；27岁时，精神完全崩溃，卧病休养6个月；29岁时，争取成为州议员的发言人失败；34岁时，参加国会大选，落选；39岁时，寻求国会议员连任，失败；40岁时，想在自己州内担任土地局长，遭拒；45岁时，竞选美国参议员，落选；47岁时，在共和党内争取副总统的提名，得票不足100张。

但林肯在51岁时当选美国总统，成为美国历史上最伟大的总统之一。林肯一生中面对的大多是失败，他曾经绝望之极，但他从没有放弃追求与奋斗，最终在逆境中赢得了成功！

所以说，逆境在很多时候比顺境更能锻炼人。逆境给人经验，逆境锤炼意志。筋骨因摔跤而强健，意志因磨炼而坚强。逆境能刺激人的潜能，使人奋发，使人爆发出超越自身的力量，很多奇迹就是在对厄运的征服中出现的。风险、挑战与实力往往会使人爆发出惊人的力量，这样的力量正是帮助人成长的极佳条件。

古今中外，顺境中失意而逆境中成才的实例数不胜数。

宋朝神童方仲永，5 岁就能作诗，传为奇闻，但 12 岁时却变得"泯然众人"，就是因为优裕的环境害了他。有时，环境太好并不利于人的成长。"自古雄才多磨难，从来纨绔少伟男。"

明朝宰相张居正，从小聪明过人，13 岁参加乡试的试卷令考官拍案叫绝。时任湖广巡抚的顾玉麟却建议让张居正落第，他解释说："居正年少好学，吾观其文才志向，是个将相之才，如过早让他发达，易叫他自满，断送了他的上进心。如果让他落第，虽则迟了三年，但能够使他看到自己的不足而更加清醒，促其发奋图强。"这位巡抚的远见令人折服。后来张居正果然成为中兴明朝的杰出政治家，他在险恶的环境中坚持革新政治，有一种不达目的不罢休的坚韧精神，这不能不说与他少年"落第"的逆境有关。

著名化学家格林尼亚教授，也曾走过一段曲折的道路。少年时代，家境优裕，加上父母溺爱，使得他没有理想，整天游荡。可是好景不长，几年后他家彻底破产，一贫如洗，昔日的朋友都离他而去，甚至连女友也当众羞辱他。从此，他醒悟了，开始发愤读书，立志追回被浪费的时间。9 年以后，他研制出格氏试剂，获得了诺贝尔化学奖。

生活中，顺境和逆境都是我们每一个人必须经历的。良好的环境和条件有利于我们的身心健康，但遭遇逆境也可以让我们吸取教训，学会坚强，可以拓展我们的视野和格局，带给我们更多的生活阅历。

原本如同稀泥般的石墨，只能承受几十万个大气压，但在强热与催化剂的作用下，它会变成璀璨夺目、坚硬无比的金刚石。逆境的作用也是如此，它使人不敢苟安于现状，只能发愤图强。

莎士比亚曾经说过："患难可以试验一个人的品格，命运的颠沛中方可以显出一个人的气节。"梁启超也说："患难困苦，是磨炼人格的最高学府。"克服困难、走出逆境是丰富经验阅历、磨砺人格、走向成功的重要阶段。

不要再抱怨自己的处境了，因为这是上天给你创造成功的机会。努力抓住它吧，在逆境中爆发，在顺境中加快步伐，闪出属于自己的最美的火花！

◎ 最坏的时刻往往是最好的起点

孟子曰："天将降大任于斯人也，必先苦其心志，劳其筋骨，饿其体肤，空乏其身，行拂乱其所为。所以动心忍性，曾益其所不能。"人的坚韧不拔、吃苦耐劳精神要在艰难困苦及挫折锻炼中培养，在磨砺和奋勉中形成。"文王拘而演《周易》；仲尼厄而作《春秋》；屈原放逐，乃赋《离骚》；左丘失明，厥有《国语》；孙子膑脚，《兵法》修列；不韦迁蜀，世传《吕览》；韩非囚秦，《说难》《孤愤》《诗》三百篇……大抵圣贤发奋之所为作也。"历史上有所作为之人，都是历经艰难坎坷而有所成就的。

美国黑人赖斯10岁时全家旅游要参观白宫却因是黑人不能进入。小赖斯备感侮辱，想到了自己在生活中时常受到的不公平的待遇。她凝神远望白宫了好久，而后回身对父亲说："总有一天，我会在那房子里工作！"25年后，名牌大学毕业、已成为俄罗斯方面专家的赖斯，昂首阔步进入白宫，担任首席俄罗斯事务参谋，后又升为国度平安参谋，成为全世界驰名的内政家。

没有永远的困难，也没有永远解决不了的问题。任何逆境都不是永久的，逆境只是人生中的一种颜料，一种为人生增添色彩的颜料。人一定要有任何逆境都不会永久的信念，相信自己能改变逆境，改变自己的命运。

一个小伙子在上大学的时候，就暗暗发誓：要在社会上立足，要在社会上有一席之地，要让双亲过上舒适的生活，并逐渐将事业做大……毕业五年了，他干过报社记者、营销，可是不仅离成功遥遥无期，他甚至连个安身立命的地方都没有打拼出来。他像一头寻找出路的困兽，可越是着急越是处处碰壁。

有一天，这个小伙子散步到公司后的一个街道花园，一个老人正弯着腰给那些花草施肥松土。突然，老人神情诡秘地向他招手，他疑惑地走到老人身边。老人问他："小伙子，你看这花好吗？你闻闻。"他低下头去闻了闻，一股幽幽的芳香让他一阵欣喜。

那位老人自言自语又像是对他说："还没开花时，这株玫瑰看上去跟月季没什么两样，刚打春的时候，迎春、蔷薇、茉莉、海棠啊都开了，就是这玫瑰还沉得住气……我给它松了多少遍土，施了多少肥，我想它不能不开。这花那花都争先恐后地开了，玫瑰从来不急，它吸足了营养，有底气，不着急，可一开之后谁比它好看呢？那些用速效化肥供起来的花花期短；积攒的力量大了，开起来才更有气势。"

这个小伙子听完了老人的这番话，不禁茅塞顿开：他不应浮躁。他向老人深深地鞠了一躬，然后跑回了公司。从此，他踏踏实实地干工作，只要看到别人的优点，就暗暗记在心里。两年的时间，他慢慢升到助理、主管，后来又成为经理。五年之后，他拥有了自己的公司，生意像雪球一样越滚越大。他的办公室里总有一盆玫瑰，他时常在遇到困难时低下头闻闻玫瑰，并对自己说："玫瑰都不着急，你急什么？"因为他明白了，任何逆境都不是永久的。

任何逆境都不是永久的，那些面对逆境立马退缩、懦弱的人很难在社会中拥有自己的一席之地；而那些在困难面前不屈不挠，努力改善自身也极力改善环境的人，才能够真正获得人生的成功。逆境淘汰出的是渣滓，留下的是闪闪发光的金子。人的努力和成功，升华了自身，也丰富了世界。

也许生活曾无情地捉弄了你，也许你认为几乎所有的厄运都在向你袭来，也许你认为自己命运不济，信心和勇气几乎被摧残得支离破碎。但是，面对逆境，你如果选择了放弃，也就选择了投降。

美国的《成功》杂志每年都会报道当年最伟大的东山再起者和创业者，他们的传奇经历中有一个相同的特点，那就是他们在遇到强大的困难和逆境时始终保持乐观的态度，从不轻言放弃，因为他们相信，最坏的时刻往往是最好的起点。

人生每一次的低点都蕴藏着成功的机会，人认识到了自己的错误或不足之处，就会意识到自身需要改变或提升，就会去寻找改变的方法并付诸行动。人如果凡事都一帆风顺，很容易就满足于现有的一切，从而不思进取。

师徒两位僧人从很远的地方去灵山朝圣，一路上一边乞食一边赶路，日夜兼程。在穿越一片沙漠时，年轻的弟子病倒了。为了完成誓愿，师父开始搀扶着弟子走，后来又背着弟子走。弟子已经气息奄奄，快不行了，他一边流泪一边央求师父："师父啊，请您独自走吧，我不行了。"师父怜爱地看着弟子，又将他背到背上，边艰难地向前行走边说："徒儿啊，朝圣是我们的誓愿，灵山是我们的目标，我们不能遇到困难就放弃，遇到逆境就妥协，我们能走多远就走多远吧……"后来，徒弟的病在师父的治疗及鼓励中，竟奇迹般地好了。

人不论生存条件如何，都不能自我磨灭自身潜藏的智能，最坏的时刻也不要被自己打倒，这样才有到达成功的机会。

山谷的最低点正是山的起点，许多走进山谷的人之所以走不出去，是因为他们停住双脚，蹲在谷底懊恼。生活中当然有高峰也有低谷，有峰峦也有险滩，如果你真的认为自己遇到了最坏的时刻，一定要一路向上，因为最坏的时刻往往也是考验一个人能否经得起挫折的起点，关键就在于你以怎样的态度去面对它。

◉ 用正面思维重新定义失败

人看待世界的方式，决定了他所看到的世界的样子。一个人能否成功，要看他的态度！成功的人始终用最积极的思考、最乐观的精神支配自己的人生，而悲观的人总认为会有糟糕的事情发生。人对待失败的态度决定了最后会有多大的成功，用正面思维定义失败，可以使人时刻拥有正能量，促人成功。事情不顺的时候，歇口气，重新寻找突破口，不要急于下结论，及时调整自己的行动方案，这是成大事者适应现实的一种方法。人能看清自己的现状，心态就会平衡许多，就能以一种客观的眼光去看待、认识这个世界，并且相应地调整自己的行为。积极思维者的理念和信心能增加成功的潜力。正如法国作家维克多·雨果所说："没有任何东西的威力比得上一个适时的失败。"

人们的命运为什么不同呢？是因为他们的思维方式不同。正面思维是一种方式，负面思维也是一种方式。美国诗人兰斯顿·休斯说：

"两个关在监狱里的人通过栏杆看外面，一个看到的是泥土，另一个看到的却是繁星。"专注于什么，你就会得到什么。

传说上帝在造人的时候，顺便也为每一个人造了一条走向成功的路。后来有许多死去的人找到上帝，说上帝欺骗了他们，因为他们至死也没有走出一条成功的路。上帝笑着对那些人说："回首看看吧，你们的无数个足迹都在成功的路上，但你们又无数次中途让它改变了方向。"

有一个博学的人质问上帝："我是个博学的人，为什么你不给我成名的机会呢？"上帝无奈地回答："你虽然博学，但样样都只尝试了一点，不够深入，用什么去成名呢？你开始苦练钢琴，后来虽然弹得一手好琴却抓不住机会。我暗中帮助你去参加钢琴比赛，你第一次缺乏信心，第二次缺乏勇气，又怎么能怪我呢？还有一次你虽然树立了自信心，并且鼓足了勇气去参加比赛，却由于裁判的不公正而被别人占去了成名的机会，从此你心灰意冷。其实你已经快成功了，只需最后一跃——运用正面的思维力量。"

积极的心态包括诚恳、忠诚、正直、乐观、勇敢、奋发、创造、机智、亲切、友善、积极、向善等。人只有用积极的心态去克服艰难坎坷，才会成为一个美好、大度、成功的人。人人都会遇到难题，只有那些具有积极心态的人才能从难题中求得极大的发展。

一个年轻男子承受了极大的痛苦，想要自杀。他极度哀伤地带了条绳子走到屋后的树林里，爬上树，想上吊。他把一根绳子绑在树枝上后，树枝说话了："亲爱的年轻人啊！别在我身上吊死吧，有一对小鸟正在我身上筑巢呢！我很高兴能保护他们。如果你在我身上上吊，我就会折断，鸟巢也就保不住了。请你谅解我，并且也可怜可怜那对小鸟吧！"年轻人听了，就放弃了这根树枝，爬到另一根更高的树枝上，可是当他把绳子绑上去时，这根树枝也说话了："年轻人，请你也谅解我吧！春天就要到了，不久之后我就要开花，成群的蜜蜂会飞来嬉戏、采蜜，这将带给我极大的快乐。如果你在我身上上吊，我就会被你折弯到地上，花朵就会被摧残而死，那么蜜蜂们将会非常失望。"年轻人听了，只好默默地攀上了第三根树枝。"原谅我吧！"他还没绑绳子呢，树枝就开口了，"年轻的朋友啊！我把自己远远地伸到路上，目的就是使疲惫的旅行者在我身下得到一块荫凉，这会带给我很大的快乐。如果你吊在我身上，会使我折断，以后我就再也不可能享有这种快乐了。"年轻人沉思了，他问自己："我为什么要自杀？只因为我承受痛苦吗？难道我不能学学这些树枝，用我的生命去帮助别人，为别人服务吗？"他从这三根对他说话的树枝上各折下了一小段细枝，爬下树，离开了。此后，他一直保存着这三根小树枝，也终身履行这三根树枝的精神，他把焦点从自己转向了需要他的人，从此，再也没有产生过自杀的念头。

热爱生命的人，是不会让苦难、困境支配自己的生活的，他们会正面思考，积极思维，唤起自己内心的阳光。看到星星的人为自己和世界迎来了光明，只看到淤泥的人则会永远沉溺于阴暗之中。正面积极的思维是阳光，会带给人光明的力量。

⊙ 接受不幸，你就不是最不幸的

在心理学上，有一个名词叫"路径依赖"。"路径依赖"是指在事物发展的过程中，其变化主要依赖于前因，而现实的影响很难发生效力。比如两地之间有一条弯曲的公路，人如果一开始就走上了公路，那么一般很难再离开公路另辟蹊径。反之，如果开始有三条路，人就会选择更近的小道，也许反而会比走弯曲的公路更好。

在心理学上，"路径依赖"主要与人的自我捆绑有关，它一方面与人的心理惰性有关，另一方面是因为具有自己不能解开心结的心理惯性。这类似于物理学的惯性，即一旦进入了某一路径，就可能对这种路径产生严重的依赖而导致不能自我松绑。

生活在这个充满竞争的社会上，不会一帆风顺，总有一些不幸会让你遇上。如果你觉得自己是不幸的，那你真的会是天下最不幸的人了；反之，接受不幸，你就不是不幸的人了，因为没有什么比自甘沉沦的心态更不幸的了。

他是个冷酷无情的人，嗜酒如命且毒瘾很深，一次在酒吧里因看一个服务员不顺眼而犯下了杀人罪，被判终身监禁。他有两个儿子，年龄相差一岁，其中一个同样毒瘾甚重，靠偷窃和勒索为生，后来也因杀人而坐牢。另外一个儿子既不喝酒也未吸毒，不仅有美满的婚姻，养了三个可爱的孩子，还担任一家大企业的分公司经理。在一次私下访问中，问起造成他们现状的原因，二人的答案竟然相同："有这样的老子，我还能有什么办法？"

即便是先天条件出众，但如果以"不幸"心态对待人生，你也就真的成为"不幸"的人了。

约翰和汤姆是相邻两家的孩子，从小就在一起玩耍。约翰是一个聪明的孩子，学什么都是一点就通，他知道自己的优势，也颇为骄傲。汤姆的脑子没有约翰灵光，尽管他很用功，但成绩总难以进入前十名。与约翰相比，汤姆心里时常流露出一种自卑。然而，汤姆的母亲总是鼓励他："奔驰的骏马尽管在开始的时候总是呼啸在前，但最终抵达目的地的，却往往是充满耐心和毅力的骆驼。幸运之神给每个人的机会都是一样的。"于是自觉很笨的汤姆从各个方面充实自己，一点点地超越着自我，最终成就了非凡的事业。而本身聪明的约翰自诩是个聪明人，却一生业绩平平，没能成就任何一件大事，于是他觉得自己是最不幸的人，幸运之神不光顾他。约翰愤愤不平，以至郁郁而终。他的灵魂飞到天堂后，质问上帝："我的聪明才智远远超过汤姆，我应该比他更有成就才是，可为什么你却让他成了人间的卓越者呢？"上帝笑了笑说："约翰啊，你至死都没能弄明白：我把每个人送到世上，在他生命的'褡裢'里都放了同样的东西，只不过我把你的聪明放到了'褡裢'的前面，你是幸运的，但你因为看到或是触摸到了自己的聪明而沾沾自喜，不再努力，以至于误了你的终生！而汤姆的聪明放在了'褡裢'的后面，他因看不到自己的聪明，所以总是在仰头看着前方，幸运之神最终也被他感动了！"

许多杰出人士在小小年纪时，就怀有大志，就想与众不同，因此，他们无论遭遇任何不幸，仍然相信自己幸运的，并以坚强和自信召唤"幸运之神"的到来。

家境贫寒的青年华罗庚身染伤寒后，病势垂危，在床上躺了半年，痊愈后留下了终身的残疾——左腿的关节变形。当时，他只有19岁，在那近似绝望的不幸日子里，他想起了双腿残疾后著兵书的孙膑。"我要用健全的头脑，代替不健全的双腿！"青年华罗庚就这样顽强地和命运抗争。白天，他拖着病腿，忍着关节剧烈的疼痛，拄着拐杖一颠一颠地干活；晚上，他在油灯下自学到深夜。1930年，他的论文在《科学》杂志上发表，这篇论文惊动了清华大学数学系主任熊庆来教授。此后，清华大学聘请华罗庚当了助理员。在名家云集的清华园，华罗庚一边做助理员的工作，一边在数学系旁听，还用四年时间自学了英文、德文、法文，发表了数十篇论文。

到 25 岁时，华罗庚已是蜚声国际的青年学者了。

人生在世，遇到困难不气馁，遇到挫折不放弃，即使上天不"待见"，自己也要努力，不看轻自己，接纳自己的"不幸"，做个勇敢的挑战者。

一个年轻人在正值人生巅峰时被查出患了白血病，无边无际的绝望一下子笼罩了他的心，他觉得生活已经没有任何意义了，并拒绝接受任何治疗。一个深秋的午后，他从医院里逃出来，漫无目的地在街上游荡。忽然，一阵略带嘶哑又异常豪迈的乐曲吸引了他。不远处，一位双目失明的老人正把弄着一件磨得发亮的乐器，向着寥落的人流动情地弹奏着。还有一点引人注目的是，老人的怀中挂着一面镜子！年轻人好奇地上前，趁老人一曲弹奏完毕时问道："对不起，打扰了，请问这镜子是你的吗？""是的，我的乐器和镜子是我的两件宝贝！音乐是世界上最美好的东西，我常常靠这个自娱自乐，可以感到生活是那么美好……""可这面镜子对你有什么意义呢？"他迫不及待地问。老人微微一笑，说："我希望有一天出现奇迹，我听说照镜子能看见自己，所以我希望有朝一日我能用这面镜子看见自己的脸，因此不管到哪儿，不管什么时候，我都带着它。"年轻人的心一下子被震撼了："一个盲人尚且如此热爱生活，而我……"他突然彻悟了，他坦然地回到医院接受治疗。尽管每次化疗他都会感受到死去活来的痛楚，但从那以后他再也没有逃避过。他坚强地忍受着痛苦的治疗，终于出现了奇迹，他恢复了健康。从此，他也拥有了人生中弥足珍贵的两件宝贝：积极乐观的心态和屹立不倒的信念。

　　每个人降生到世界上都是幸运的，会拥有生命、健康、亲情……尽管人生之路不是一帆风顺的，布满了荆棘，很多人甚至还会遭受生活的"遗弃"，人生之路似乎看不到光明，但只要能把握好自己的人生和命运，有乐观和坚强的品质，有感恩的心，有不放弃努力的执着、奋斗不息的工作热情和奋发图强、勇往直前的精神，人就会走出困境，迎来光明。

◎ 恐惧是只"纸老虎"

每个人都有恐惧，但恐惧对事对人于事无补，人只有克服恐惧、超越自己，在不断跌倒、不断站起、不断迈步的过程中奋勇向前，才会走向成功。这个世界是勇敢者博弈的竞技场，一个人要成功，要立业，首先就要克服恐惧。

查尔斯·柯特林曾是世界知名的通用公司的副总裁。当年他还是一名默默无闻的工程师，在钻研发明汽车自动点火器的时候，所有的开销都依靠他太太教钢琴所得来的 1500 美元的报酬，后来钱花完了，又没有固定的收入，他们的生活和研究几乎陷入困境。他不得不用人寿保险作抵押向邻居借了 500 美元。那时候，他在条件简陋的仓库做实验，里面堆满了稻草，可这并没有影响他的工作热情。他一心一意地搞研究，最终获得了成功。后来有人问他："当你要靠向别人借钱才能度日的时候，有没有害怕过，如果发明不成功，可能全家就要负债累累？难道你心里就没有一点害怕失败的压力吗？"他淡淡一笑说："当时一心想把自己的发明搞出来，哪里有什么时间害怕、担心啊？如果把时间用在害怕、担心上面，也许任何有价值的发明创造都不会成功。"

有些人做事前信誓旦旦、信心百倍，但遇到一点困难或挫折就犹豫不前，望而却步。而有些人则抓住每一分每一秒，努力实现自己的梦想，因而有机会获得成功。

克服了恐惧，人才能有勇气改变自己。身处恐惧之中的人是痛苦的，容易被弱点击中，脆弱的品质暴露无遗。战胜恐惧，不仅需要自身的勇气，更需要自身有信心。

世界上最秘而不宣的喜悦是战胜恐惧后迎来的自信的喜悦，一个人哪怕克服的是小小的恐惧，也会增强对提高自己挑战生活能力的信心。人不自信时，如果一味想避开恐惧，恐惧反而会对你"穷追不舍"。

一群野兔深切地感觉自己过于胆怯，厌倦了东躲西藏、担惊受怕的生活，一致决定要找到一个可以结束生命、了结一切苦恼的地方。当它们浩浩荡荡地奔赴悬崖去实行计划时，偏偏有些青蛙正躺在湖边休息。听见野兔们杂沓的奔跑声，青蛙立刻乱作一团，"扑通""扑通"地纷纷跳下深深的湖水逃命去了。跑在最前面的野兔看到了，立刻回转身，对它的伙伴们大声喊道："且慢，朋友们，放弃我们的计划吧，因为现在你们已经看到，有些东西比我们还胆小，可照样活在这个世界上啊！"

涉世未深的年轻人最容易产生恐惧、自卑的心理。这是正常的，也是青年人走向成熟必经的磨炼。但是恐惧从来都于事无补，坚强的人和懦弱的人的区别在于：前者早早地甩掉了恐惧思想的"包袱"，后者却迟迟不能从恐惧中走出来，于是，旧的恐惧尚未消失，新的恐惧又出现了。所以，正视恐惧，首先要承认它，然后战胜它。

一个生性开朗的人当上了飞行员，终于实现了自己翱翔蓝天的愿望。他十分高兴，逢人便讲。一天，他遇到了一个朋友，便告诉朋友："我这些时间正在大草原上练习飞行，真是天苍苍野茫茫，美丽极了。飞在天上的时候，我发现什么烦恼都没有了。""那会不会有危险？"朋友担心地问。"当然，飞行当然有一定的危险，但是飞机上设备齐全，安全专家已经把所有可能的意外都想到了，而且我们会选择有益于飞行的天气进行训练。所以，一般来说，还是很安全的。""可是，万一，万一那些安全设施失灵了怎么办？""安全设施失灵了，还有应急措施呢。即使一切都失灵了，还可以跳伞自救。""跳伞也挺让人担心的啊。我们做别的事都允许失败，失败了还可以重新再来嘛，可是这跳伞就不一样了，只能成功，一旦失败可是以性命为代价啊。你能保证你跳的每一次都一定有把握？"飞行员笑着说："草原上多的是干草垛，就算跳伞失败了，我也会想办法落到干草垛上去的。""怎么能够正好落上去呢？天空那么大，草垛那么小。再说了，牧民们都爱用粪叉挑草，如果干草垛上碰巧插了一把粪叉，那可危险了，粪叉都是又尖又利的。""草垛那么大，我也不一定就正好落到粪叉上啊。

就算是万一，也没办法呀?"飞行员耸耸肩。

人若只做自己心灵的"囚徒"，就会觉得处处都很危险，时时都会担心、恐惧。所以，如果你不肯把自己从恐惧中解放出来，那么谁也不能拯救你。只有当你的心灵真正无拘无束时，生活才会变得轻松自如。

通往成功的路上，自信如泰山，宏愿贯长虹，坚持长流水，都是战胜恐惧的力量。很多事并不是因为难所以人们不敢做；而是因为人们不敢做，事情才变难了。人应该战胜恐惧，保持勇往直前的信心，直到胜利的终点。

◎ 希望在，成功就在

　　每个人都有自己的思维模式，这种是维模式在很大程度上决定了人的人生轨迹。最初的选择决定了最后的结果，人只有时时给自己积极的暗示，才能走好人生中的每一步；选择积极的人生态度，才能身心放松地投入生活和工作中。

　　暗示是一种心理影响，它能让人在心理上不知不觉中朝着暗示的方向变化。心理暗示有积极和消极之分。积极的心理暗示，给人带来积极的体验，使人精神乐观，做事信心十足。人们最常用的积极暗示是表扬和鼓励，这些策略能调动人的内在潜能，发挥人最大的能力。消极的心理暗示会给人带来消极的影响，常见的方式是批评和贬低，这会使被暗示者精神沮丧，萎靡不振，对情绪、智力和生理状态都产生不良的影响。

　　美国心理学家威廉姆斯曾深刻地指出："人性中最深刻的禀赋是

被赏识的渴望。"被赏识、被表扬可以激发人的自尊心和上进心。

矮小的法国移民亨利十分艰难地在美国生活。当有人告诉他，他可能是拿破仑的孙子时，他虽然半信半疑，但仍然乐意相信这是真的，于是他的整个人生改变了。以前，他常常因个子矮小而自卑，但他现在却想："我爷爷就是靠这种形象指挥千军万马的。"当他遇到困难时，他就想："在拿破仑的字典里找不到'难'字。"最终，他成为一家大公司的董事长。

事后，亨利派人去调查自己的身世，结论是：他和拿破仑无血缘关系。但那已经不重要了。因为不管他是否是拿破仑的后代，他都已经因为这种积极的暗示而实现了自己的理想。

心理学家曾做过一个实验：事先告知一组被判死刑的囚犯，他们将不执行枪决，而是被刺破静脉，让血流尽而死。然后将囚犯蒙上眼睛，绑上双手，带入一个特设的房间坐定，拿针在他们的手腕上比划着轻刺一下（并非真正刺破血管），然后轻轻拧开一旁的水龙头，让水一滴一滴地往下滴。十几个小时以后，那一组囚犯的心脏先后停止了跳动。囚犯在肌体没有遭受任何损伤的情况之下死去了。

以上两例，一正一反，显示了心理暗示的巨大作用。由此可见，心理暗示可以使一个人成就事业，使人拥有成熟的心态，具有奋斗和不屈的心境；相反地，也可以使人完全放弃奋斗的欲望，甚至是求生的本能。

每天给自己一个积极的心理暗示，对自己说："我是最棒的。"失败时，对自己说："这没什么。"你会发现这个世界果真如此。人除了每天要给自己一个积极的心理暗示之外，还要对生活充满希望。希望是一帖拯救心灵的药方。莎士比亚说："治疗不幸的药，只有希望。"

亚尔伯特·赫伯特给了我们这样充满希望的宝贵忠告："收起下颚抬起头，肺里吸满空气与阳光，对朋友微笑点头，真诚地与人握手，不要怕受到误解，不要浪费时间去想自己的敌人，要在心里确切地刻画自己的目的，这样便不会迷失方向，笔直地朝着目标迈进。"

汤姆·邓普在出生的时候，只有半只脚和一只畸形的右手。自懂事以来，父母就告诉他，不要因为自己的残疾而感到生命受限，别人可以做到的事情，他同样可以成功，甚至可以期望自己能够做得更好。

小时候，汤姆·邓普和别的孩子一起参加童子军团，那些健全的孩子完成行军 10 千米的时候，汤姆也坚持走完了 10 千米。后来汤姆·邓普发现了自己的一个优点：在和朋友们玩橄榄球时，他可以把橄榄球踢得比别人远。于是他让鞋匠专门设计了适合他身体特点的鞋子，然后积极地参加了橄榄球队的入队资格测试。

在一周后的友谊赛中，汤姆·邓普踢出了 55 码远的得分，让教练也不得不对他另眼相看。这使他获得了专为圣徒队踢球的工作，而且在那一季中为他的球队得了 99 分。那是一个伟大的时刻，球场上坐满了球迷。球是在 28 码线上，比赛只剩下了几秒钟，球队把球推进到 45 码线上，但是时间极为有限了。汤姆·邓普拼出全力踢在球上，全场的眼睛都盯着这个球，同时为汤姆·邓普担心着：这球能够达到所期待的距离吗？

最终的成绩得到了全场的肯定，球从球门之上几英寸的地方越过，裁判举起了双手，表示得了3分，汤姆一队以19:17获胜。

当记者问汤姆·邓普是什么给了他如此巨大的力量时，他微笑着说："对生活的希望，对生命的热爱。虽然我的身体先天有些不利条件，可是我从来没有放弃过人生的理想。我觉得每一个人都应该对生活充满希望，不轻言放弃。"

是啊，人生中最美好的东西应该是希望，只有希望才能造就杰出的人物。希望对于任何人来说都是必需的，人生若没有希望，就成了一片死海。很多人失败并不是他们的能力有问题，而是他们的心态有问题，缺失了希望。没有希望之灯的人生，就像一只在黑暗中航行的小船，很容易因为害怕风浪而搁浅。

印度作家普列姆昌德说："希望是热情之母，它孕育着荣誉，孕育着力量，孕育着生命。一句话，希望是世间万物的主宰。"是的，人活着就要有希望，希望是坚固的手杖，没有希望的人生活不出精彩，没有希望的人生最空虚。人对未来充满希望，人生才有前进的动力。成功的人都怀有一颗希望之心，他们对每天都充满希望，坚信明天比今天美好，所以他们才能有勇气，有动力，不断前进。

风力掀天浪打头，只须一笑不须愁，任凭雨注，总有天晴时。如果人是乐观的，一切艰辛都不能阻止人享受生活的乐趣。天有无情灾，人有回天力，当你看不开、当你愤愤不平、当你深陷痛苦中时，请想想希望，让它成为你前进的驱动器。

一个男人遇到一位落魄的流浪汉，便从钱包里找了些零钱给他："愿你好运，你太不幸了。"流浪汉说："很感谢你。不过，我是幸福的。""你是什么意思？"男人问道。流浪汉说："我身体健康，天天都很快乐，虽然有时忍饥挨饿，但我每天很高兴。我并不是不幸的人。"男人惊讶地看着他，"你的快乐在哪儿？"流浪汉骄傲地挺起了胸膛，"在我心里。"

流浪汉是智慧而快乐的，因为他有一颗乐观的心，生活中处处能体会到快乐。乐观坚强是掌管人生航向的舵手，是把握命运之船的动力之桨，有了它们，生命才会出现奇迹。

一次，美国前总统罗斯福的家中被盗，丢失了许多东西。一位朋友闻讯，忙写信安慰他，劝他不必太在意。罗斯福给朋友写了一封回信："亲爱的朋友，谢谢你来安慰我，我现在很平安，感谢生活。因为：第一，贼偷去的是我的东西，而没伤害我的生命；第二，贼只偷去我的部分东西，而不是全部；第三，最值得庆幸的是，做贼的是他，而不是我。"

有时希望虽然渺茫，但它仍存人世。所以，即使是在处境艰难、濒临绝境的时候，只要心存希望，就一定能迎来光明和阳光。

美国作家欧·亨利在他的小说《最后一片叶子》里讲了一个故事：

病房里，一个生命垂危的病人从房间里看见窗外的一棵树，树上的叶子在秋风中一片片地掉落下来。病人望着眼前的萧萧落叶，身体也随之每况愈下，一天不如一天。她说："当树叶全部掉光时，我也要死了。"一位老画家得知后，用彩笔画了一片叶脉青翠的树叶挂在树枝上。最后一片叶子始终没掉下来。只因为生命中的这片绿，病人竟奇迹般地活了下来。

希望之光可以创造生命的奇迹，也能改变人的生活态度，它是无形的化腐朽为神奇的力量，是人人都有的宝贵财富，所以千万要珍惜它，不要让它失去原有的光彩。

一个小女孩趴在窗台上，看窗外的人正埋葬她心爱的小狗，不禁泪流满面，悲恸不已。她的外祖父见状，连忙引她到另一个窗口，让她欣赏他的玫瑰花园。小女孩的心情顿时明朗。老人托起外孙女的下巴说："孩子，你开错了窗户。"打开失败旁边的窗户，也许你就能看到希望。

人生中可以没有很多东西，唯独不能没有希望。有希望之处，生命就可生生不息！所以，人总要有希望，因为不失去希望、不放弃，就会等到属于自己的成功的那一刻。

只要你有一颗充满希望的心，在人生的荒漠上就不会停下前行的脚步，即使每一步都很艰难；只要你有一颗充满希望的心，在人生的大海上就不会有丝毫懈怠，即使前方巨浪滔天；只要你有一颗充满希望的心，在人生山穷水尽时就能调整方向，在另一条路上看到新的景致；只要你有一颗充满希望的心，上天在拿掉你人生的砝码之一——健康、亲情、快乐等等时，你就能再加上新的砝码，让天平重新平衡，让人生重新精彩。总之，一句话：希望在，成功就在！

◎ 狭路相逢勇者胜

人们在生活中常出现这种现象，既害怕风险，又渴望成功，害怕争取成功的路上要遇到的失败，害怕成功到来之前要承受的心理冲击，害怕取得成功所要付出的极其艰辛的劳动，也害怕成功后所带来的种种社会压力……

有位记者曾同老演员查尔斯·科伯恩进行过一次交谈。记者最后提了一个很普通的问题："一个人如果想在生活中成就大事，需要的是什么？大脑、精力，还是教育？"查尔斯·科伯恩摇摇头，"这些东西都可以帮助你成就大事，但是我觉得有一样东西更为重要，那就是胆量。"这位老演员是正确的。因为，人有胆量，就能在机遇来临时识别它，在机遇溜走之前采取行动抓住它，从而成就一番大的事业，获得成功。

人生的道路是不平坦的，机遇躲在风险后，只钟爱勇者。无论是在学习还是在生活、工作中，人人都会遇到一些阻碍或者坎坷，在它们面前只要不畏难、不停步，更不轻易言败，机遇就会"光顾"。

泰麦克斯手表驰名美国市场，在美国市场占有1/3的份额。当很多人都认为非洲很贫困，购买力低下，几乎没有销售机会而不愿涉足的时候，泰麦克斯却独具慧眼，决心在那里开辟手表市场。他们把销往那里的手表定价降低，其推销方式和电视广告也别出心裁。泰麦克斯的推销员去零售店推销产品的时候，经常把表猛地摔在墙上或浸入水中，以证明其防震及防水性能，做有趣的"拷打试验"，公司也因其所谓的"拷打试验"而在国外享有盛名。在该公司的商业广告中，实况广播泰麦克斯手表被拴在飞奔的马尾上，或被绑缚在冲浪板上或是水陆两栖飞机的后面，或在135英尺的高处投入水中，但手表仍然在走，分秒不差。于是，在非洲这些购买力很低的国家，泰麦克斯仍大获成功。

机会很重要，但更为重要的是对机会的反应。成功的人都是反应敏捷的人，他们往往能先人一步地抓住机遇。他们不惧风险，坚守狭路相逢勇者胜的信念，敢于向命运挑战，对于他们来说，结果虽然很重要，但是否有勇气果断出击更加重要。他们不允许自己做畏缩不前的懦夫，而机遇也往往偏爱这些勇往直前的勇者，谁勇敢地去迎接风险，谁就有可能实现梦想，找到躲在风险身后的"机遇"。

前怕狼，后怕虎，永远会与财富失之交臂。但这也是理所当然的：虽然机遇对我们来说都是平等的，可是她只爱勇者，没有敢于承担的勇气，就收获不了甜美的果实。

美国有个叫道密尔的企业家，专买濒临破产的企业，而这些企业在他手中，又一个个地起死回生。有人问："你买这些失败的企业来经营不怕失败吗？"道密尔回答："别人经营失败了，接过来就容易找到它失败的原因，只要把缺点改过来，自然会赚钱，这比自己从头干省力多了。"道密尔的聪明之处就在于他不害怕冒险并懂得总结经验，把别人的经验变成了自己的财富。

冒险需要勇气，勇气促成冒险。但是，无把握之冒险，只能算匹夫之勇；瞻前顾后、患得患失，有勇而不敢涉险，实为成功最大的风险。

一个园艺师向一个企业家求教："您的事业如日中天，而我什么时候才能赚大钱呢？"企业家说："这样吧，我看你很通晓园艺，旁边有 2 万平方米空地，你来为我种树苗吧！一棵树苗多少钱？""40 元。"企业家说："以一平方米地种两棵树苗估计，2 万平方米地大概能够种 2.5 万棵，树苗本钱刚好 100 万元，你算算，3 年后，一棵树苗能够卖多少钱？""大概 3000 元。""这样，100 万元的树苗本钱与肥料费都由我来支付，你就负责浇水、除草和施肥。3 年后，咱们就有 600 万的利润，那时咱们一人一半。可如果遇到天灾等风险，咱们也要平摊。"企业家说。不料园艺师却回绝说："我不敢做那么大的买卖，我看还是算了吧。"

园艺师害怕风险，一句"算了吧"就把到手的"机遇"放弃了。可见，人的成功是需要胆识的，在困境、挫折和机遇面前，要坚信"狭路相逢勇者胜"。

◎ 勇敢接受生命的每一次挑战

勇敢是人类美德的高峰，要成功就要积极行动，要行动就要有胆识。

有个叫阿巴格的人生活在草原上。有一次，年少的阿巴格和父亲在草原上迷了路，阿巴格又累又怕，到最后快走不动了。父亲从兜里掏出五枚硬币，把一枚硬币埋在草地里，把其余四枚放在阿巴格的手上，说："人生有五枚金币，童年、少年、青年、中年、老年各有一枚，你现在才用了一枚，就是埋在草地里的那一枚。所以我们一定要走出草原，你将来也一定要走出草原。世界很大，人活着，就要多走些地方，多看看，勇敢接受生命的每一次挑战。"在父亲的鼓励下，阿巴格和父亲走出了草原。长大后，阿巴格离开了家乡，成为一名优秀的航海船长。

放弃安逸，勇敢接受生命的每一次挑战，你必须要确定自己要努力的方向，不要只想过去的生活多么好，如果觉得是有前途的事，那就勇敢地去做吧。即使你没有经验，会遇到很多挑战，但你要告诉自己，勇敢前行是你成长的机会和帮手。而接受更多的挑战，你的事业就不会有失去激情或衰落的那一天。

他大学毕业了，刚出学校时，他有着雄心和动力，立志要在几年内做出一番事业。工作以后，他生活安逸，随着时间的流逝，还是一点成绩都没有。他不敢接受生活中的挑战，过着重复、没有激情的生活，所有抱负全都抛到了九霄云外。他也曾有过机会，那是工作了一年后，有个朋友辞掉了大学老师的工作自己创业，邀他一起做。他当时心潮澎湃，答应朋友两星期后辞掉工作，去朋友那座城市。可是，就在这两星期里，他的勇气全没了，一想到要放弃现在稳定、安逸的工作，他就有点不情愿。一想到自己要去跑市场找客户，或者绞尽脑汁地收账款之类的，他就有点胆怯。他又想万一赔了怎么办？那么多事情要自己去承受，那么多责任要压在自己身上，一想到这里，他就胆怯了。他最终拒绝了朋友的邀请，重新躺进了自己的"温床"。几个月过去了，他得知朋友做水泥生意赚了"第一桶金"，而他依旧是那个庸庸碌碌的"小蚂蚁"。

在人生爬金字塔的过程中，你越往上走竞争也就越激烈，而退出竞争会让你失去成长的能力，甚至失败。要想取胜，就要勇敢接受生命中的每一次挑战。

不敢接受生命的挑战，生物的生存能力会退化，人也亦然。为什么有些人能够勇敢地接受生命中每一次挑战，而有些人却不敢接受甚至是小小的考验呢？是他们天生就没有这个能力吗？不是的，每个正常人的先天因素差别并不是很大，他们之所以后来命运迥然不同、成就高下有别，最关键的因素是他们的心态不同。一位哲学家说过："在任何环境中，人总会拥有一种最后的自由，那就是选择态度的自由。"态度是唯一可以改变人的行为及其他外在因素，也是改变一个人的命运的因素，人只有以勇敢接受生命中每一次挑战的态度不断拼搏，才能不断强大，最终战胜自我，成就事业。

⊙ 不让别人的议论消融自己的"野心"

生活中，谁没有被人品头论足过？不要过分在意别人的眼光，只要自己快乐，坚持走自己的路就可以了。

心理学上讲，人都有两个自己：自我的自己和别人眼里的自己。前者是本我，后者是他我。人生要走自己的路，对于有心做事业的人，别人给不给你掌声，其实并没有那么重要；给不给你鼓励，你也要勇往直前；给不给你喝彩，你照样要努力攀上成功的高峰。

所以，不要在乎别人的议论，更不要让别人的议论消融你的野心。在做一件事之前，应该认真分析自己的优势与劣势，坚信自己的选择，自己给自己喝彩，把做事业的基础打扎实，只有这样，我们才可能真正成就一番事业。

1995 年 8 月以前，域名是收费注册的。就在那一年，Tim 为自己注册了一个域名 cool. com，当时他还是华盛顿大学的一名四年级学生。这一做法遭到了大家的讥笑，他们不明白 Tim 要一个域名有什么用。后来 Tim 为了挣到足够的钱交学费和房租，差一点把它以不到一万美元的价格卖了。到了 1996 年，Tim 平均每周要接到两个电话，都是想买 cool. com 这个域名的，这其中就有一家航空公司。但是 Tim 没有许诺给任何人。后来，经过纽约一位律师，Tim 将 cool. com 这个域名以 300 万美元的现金转让给了一家大商业品牌。后来这家公司让这个域名的价值升到 3800 万美元。

从几乎一文不值到价值数千万美元，这一历程是在讥笑中走过的。

梵高的画作、司汤达的小说，都是讥笑中"升值"的最好例证。美国有一个叫罗伯特的人，他用很多年搜集了七万多件"失败产品"，而后设立了一个"失败产品陈设室"，并逐个配上长篇累牍的说明。开始时大家都在讥笑他，但事实上这一展览别出心裁，观者如潮，给罗伯特带来了滚滚财源。

爱因斯坦的"相对论"发表以后，有人曾创作了一本《百人驳相对论》，网罗了一批所谓名流对这一理论进行声势浩大的反驳。可是爱因斯坦坚信自己的理论，他有充足而缜密的科学分析推理依据，对反驳不屑一顾，他说："如果我的理论是错的，一个反驳就够了，一百个零加起来还是零。"凭借着必胜的信念，爱因斯坦坚持勤奋不懈的科学研究，最终使"相对论"成为 20 世纪最伟大的理论，让那些反驳不攻自破。

　　有一位旅行者，走到了一个非常偏远的地方。在那里他发现了一大片兰草。经仔细甄别后，他断定那是兰花中的珍品：佛兰。旅行者惊喜之极，决定把这些花带回城里出售。旅行者找到一户农户，想借一把锄头。当淳朴的农民明白了旅行者的来意后，很痛快地把锄头递给他，只是提出一个要求：跟着他去看一看是怎样的一种花，竟让旅行者如此着迷。看过之后，农民很是不屑："这种自生自灭的小草是没用的，这里的人谁都不要。"说完，农民就走了。而旅行者带了数十株佛兰回到城里，很快成为富翁。

　　庄子说：人皆知有用之用，而莫知无用之用。其实，同一种事物，在不同的人眼里，或许在不同的际遇里，往往会有不同的价值。坚信了自己的信念就不要在乎别人的评论，真正的价值是不会被别人的说三道四所湮没的。就像世上没有最好的"活法"，适合别人的未必适合自己，只要自己快乐就是最好。

　　20世纪初，美国美孚石油公司曾在中国西部打井找油，结果毫无所获。于是以美国布莱克威尔教授为首的一批西方学者断言，中国地下无油，中国是一个"贫油的国家"。年轻的地质学家李四光偏偏不信这个邪：美孚的失败不能断定中国地下无油。他说："我就不信油难道只生在西方的地下？"在这种强烈的自信心的支配下，他开始了30年的找油生涯。他运用地质沉降理论，相继发现了大庆油田、大港油田、胜利油田、华北油田、江汉油田。他当时还预见西北也有石油。今天正在开发的新疆大油田完全证实了他的预言。李四光靠着自信、自强，彻底粉碎了"中国贫油论"。

在 20 世纪 20 年代之前，国际地质和地理学界长期流行一种观点，认为中国内地没有第四纪冰川。李四光想：外国地质学家并没有做过认真调查，凭什么说中国没有第四纪冰川？他不信。1921 年，李四光亲自到河北太行山东麓进行地质考察，1933 到 1934 年又到长江中下游的庐山、九华山、天目山、黄山进行考察，然后写出论文，论证华北和长江流域普遍存在第四纪冰川。1939 年，他又在世界地质学会发表《中国震旦纪冰川》一文，用大量实证肯定中国冰川遗迹的存在，这对地质学、地理学和人类学都是一大贡献。

如果你如大海般宽广，何必在乎别人把你说成小溪；如果你如峰峦般雄伟，何必在乎别人把你说成丘陵；如果你是饱含希望的种子，何必为还没有结出果实着急？不要让别人的议论消融自己的"野心"，自己想要什么自己最清楚，别人的意见有时并不是那么重要。

玛丽·汉娜比是英格兰东南部赫特福德郡一个普通的家庭主妇，尽管已经年过半百，但她对生活始终充满梦想。她想也许有一天能够捡到一块金子或其他宝物，那样她就能改善自己的生活，甚至及早还上买房的贷款。

这样的梦想放在别人眼里就跟做梦一样，她遭到一致的嘲笑，可玛丽·汉娜比不这样认为，她坚信梦想是会实现的。她买了一个看起来相当简易的金属探测器，开始了她的寻宝之旅。每个周日，她都会带上她的"寻宝器"到荒地、沙滩上去寻觅，这一走就是 7 年。

"寻宝大妈"成了人们嘴里的谈资：她的"寻宝器"倒是不止一次地响过，但除了几块马蹄铁，就是一枚锈迹斑斑的弹壳。玛丽·汉娜比并不在乎别人的嘲笑，每次出发她都精神抖擞，被期望所激励，她并不缺少快乐。这一天，她的"寻宝器"再次响了起来，往下挖了仅仅10厘米之后，一个金光闪闪的金盒子就呈现了出来。据大英博物馆的专家鉴定，这个金盒子是一个有着500年历史的古董。别人的议论没有消融她的梦想，她成功了。

人生奋斗的时间有限，我们只要有坚定的目标、科学的分析，何必在乎别人的眼光，又何必在乎别人说三道四？勇敢地去追随自己的心和直觉分析的指引，常言道：要么你去驾驭生命，要么是生命驾驭你。你的心态决定谁是"坐骑"，谁是"骑师"。

◉ 心动不如行动

心理学家发现，人在决策的过程中如果犹豫不决、优柔寡断，虽然显得做事谨慎，但也会失去赢得宝贵财富的机会。

人生的航道不会一帆风顺，奋斗中的每段经历，虽然可能都蕴藏着挫折和困境，但也都蕴藏着成功的机会，敢于行动的人往往可以开拓新的境界，而被动的人只能被迫去适应这个世界。在一个公司或团队中，主动的人会有更大的学习空间，得到更好的锻炼机会。

亚都饭店的创始总裁，只是一个中学毕业生。她23岁进入美国运通的时候，所从事的是传达工作，但他却天天主动留下来，帮那些想先下班的员工处理传真、资料等工作。因为他愿意帮助别人，别人也愿意把自己会的东西教给他，他的知识、能力大增。23岁的传达室小弟，28岁便当上了美国运通公司台湾地区的总裁。

人生的目标也许不是一开始就能够确定的，它也许和你现在所从事的工作相差甚远。如果你想得到全面发展而不愿意在安逸的现状中碌碌无为地虚度年华，心动是第一步，行动才能产生效果。只要全力以赴地去专心做事，不让其他事物分心，不给自己过多的负担，做好人生规划，持之以恒，不畏艰难，就有成功的希望。

一个人要到某地去，路程很近。正因为近，所以这个人一点都不着急，迟迟不愿动身。"什么时候想走，一抬腿就到了。"他安慰自己。他每天要做的事情太多，他太忙了。他没有忘记自己还要赶路，可是真到下决心要走时，又安慰自己："反正一抬腿就到。"路程虽然很近，但这个人始终没能到达目的地。不抬腿，再近也到不了哇！

"说是做的仆人，做是说的主人。"很多人终其一生都在等待，"等到我大学毕业以后，等我把这笔生意谈成之后，我就会……下星期我就找时间出去走走；退休后，我要好好享受一下。"他们愿意牺牲当下去换取未知的等待，认为必须等到某时或某事完成之后再采取行动。然而，生活一直在变动，环境总是不可预知，在现实生活中，各种突发状况总是层出不穷，原本预期过好日子，可一件意料之外的灾难，刹那间可能会使生命一片黑暗。所以，我们不须等到生活完美无瑕时再去做，想做什么，现在就可以开始。

一个姑娘工作上发生了诸多波折，她不知道如何改变这种现状，很是苦恼。一次，她在参观美国旧金山市政厅时，信步走到市长办公室门口，不由地敲了门。一个壮实威武的保镖走了出来，问道："小姐，我能帮忙吗？"她愣住了，顿了一会儿，她说出了自己心中一直以来认为不可能实现的愿望："我能见见市长吗?"保镖仔细端详了她一番，说道："能，不过你得稍等片刻。"说罢，他用呼叫器和市长通话，通告此事。不一会儿，市长走了出来，很开心地和她拍了照，并聊了一会儿天。她格外开心，也悟出了一个理：想做就赶快做，千万不要等。

有一句格言说：我们老得太快，却聪明得太迟。生命一直在前进，每个人的生命都有尽头。许多人经常在生命即将结束时，才发现自己还有很多事没有做，还有许多话来不及说，这实在是人生中最大的遗憾。生命中大部分美好的事物都是短暂易逝的，所以别把时间浪费在等待"圆满"的结局上，只有自己才能改变现状和命运的走向。如果你不想在垂暮之年空有"为时已晚"的余恨，那就要把握当下，踏踏实实地从第一步开始。

◎ 做好独一无二的自己

世上没有两片相同的树叶，每个人都是独特的，都有自己的优点、缺点，做好独一无二的自己最重要。

人关键是要认识自己，不要只看到自己的缺点，而忽略了自己长处的发挥，做好独一无二的自己对每个人而言就是用己之长，避己之短。如果每个人都能充分地认识自己的才能，并把它发挥出来，那么从社会整体来说，就是取得了最佳效益；从个人自身来说，也获得了自己最佳的位置，既有意义也很快乐。

不要为自己的不出众而叹息、抱怨、忧郁，做好独一无二的自己才是最重要的。

据说，上帝每造出一个人就会把那个独有的模具毁掉。因此，每个人来到这个世界上，都是独一无二的，谁也不能代替谁。生于世界上，存于宇宙间，同顶炎炎烈日，共沐皎皎月辉，你心智不缺，只要勇于展示自己的个性风采，就能做好独一无二的自己。

瑞士银行中国区主席兼总裁李一，在1988年最初去美国迈阿密大学留学时，学的是体育管理专业。他发现那是"属于富人玩的游戏"，于是在离毕业还有半年时，毅然报考沃顿商学院。

美国沃顿商学院是世界首屈一指的商学院，李一考得并不轻松，前后面试了三次，仍没结果。最后一次面试，他干脆在考场上直截了当地问主考官："如果我没有被录取，最可能的原因是什么？"

"很可能是因为你没有工作经验。在美国，商学院录取的前提条件是要有商务工作经验。"

李一做出的反应不是承认自己的不足，或者说"我会如何改变自己的缺点"，而是立刻反驳："按你们的招生材料所说，沃顿作为世界最优秀的商学院，肩负着培养未来商务领袖的重任。但世界各国发展很不平衡，如果按你们现在的做法，商务成熟的国家会招生特别多，像中国这样的发展中国家可能一个也不招，这跟沃顿商学院的办学宗旨是自相矛盾的。"

出人意料的是，李一的反驳得到了主考官的赞赏。面试出来后，招生办主席秘书给李一打了一个电话："主席对你的印象特别好，说你很自信，与众不同。"后来，在当年52个申请该校的中国学生当中，李一成为唯一被沃顿商学院录取的中国学生。

古人云："梅须逊雪三分白，雪却输梅一段香。"每个人或多或少总会在某方面有优势，因此无须艳羡他人，我们可以学习别人的优点和长处，但是千万不要迷失了自我。

世界上每个人都是平等的，人海茫茫，大多数人都是平凡得不能再平凡的普通人。生命是平等的，人生成功的战术万变不离其宗：做好独一无二的自己可以在面对对手时以长击短，而在面对自身时扬长避短。

荀子说："大智有所不虑，大巧有所不为。"有些人之所以成为大智大巧者，就因为他们扬其长而避其短。人做自己无法胜任的事情，无疑是自找苦吃。人只有量力而行，才能在轻松快乐的节奏中，收获真正应该属于自己的那份成功。

"功夫之王"李小龙的武功十分了得。但很少有人知道，李小龙练武本来是有先天缺陷的。首先，他是近视眼，必须戴隐形眼镜。对此，李小龙坦诚地说："从小我就近视，所以我从咏春拳学起，因为它最适合贴身战斗。"其次，他的两脚不一样长，右脚比左脚短五寸，但也正因为如此，他左脚专事远踢、高踢，如狂风扫叶；右脚专事短促的阻击性踢法或隐蔽性踢法，而两腿的不一致使他摆出的格斗姿势优美别致，独具特色，成为一种武功流派的典型。"我接受我的极限，毫无怨言。"李小龙说。

拿破仑有一句名言流传至今："不想当将军的士兵不是好士兵。"

我们都觉得只有 2 米高的人才会去打篮球，但在巨人林立的 NBA 中，夏洛特黄蜂队 1 号博格斯可谓是一个异类，他身高只有 1.60 米，是 NBA 有史以来创纪录的"矮子"，但他是 NBA 表现最杰出、失误最少的后卫之一，不仅控球一流，远投精确，甚至在长人阵中带球上篮也毫无所惧。博格斯从小就特别矮小，却非常热爱篮球，别人的嘲笑没有阻断他的志向，他充分利用自己矮小的"优势"：行动灵活迅速，运球重心很低，不会失误；个子小不引人注意，投球常常得手。他靠自己的独一无二获得了比别人更大的成功。

你可能很努力，但偏偏不被重视；你可能很要强，但偏偏才华不出众；作为世界上独一无二的你，要找到自己的爱好，发挥自己的长处，练出真功夫，才会走向成功。即使无人喝彩也是一道风景。梅花、红杏、河流、山石各有不同的风采，只要能做好独一无二的自己就是出众的。

曾经有一个被老师们公认的"问题"孩子，被好几所学校像踢皮球一样踢来踢去。开始，他屈从于外界的评价，认为自己非常笨。长到十几岁，他发觉自己天生对文字反应迟钝，但对图形很敏感，于是，他开始了独特的自娱自乐——画画。他在学校里画，回到家也画，书上、作业本上，只要有空白的地方都被他画得满满的。后来，有一家媒体发现了他，为他开设漫画专栏，渐渐地，他声名鹊起，成了漫画家。他就是朱德庸，25岁红透宝岛。他的《双响炮》、《涩女郎》、《醋溜族》等漫画集一直畅销。现在，根据这些漫画作品改编的电视剧热播，"朱德庸"三个字更是炙手可热。

一个人应该尽自己最大的努力，在所有感兴趣的领域挖掘自己所有的潜力来做出选择，实现自己的梦想。任何一种兴趣都包含着天性的召唤，也许还包含着一种天才的闪光点。在所有感兴趣的领域做出选择很重要，因此，人一定要确立最适合的目标或项目，做出自己正确的判断，选择一条成功的道路。

一个长得黑黑的女孩子曾坐在一大堆旧鞋当中机械地工作，她的工作是修鞋，先用针扎，然后放在修鞋机上面，将坏鞋补好。长期的工作使得她的神经有些麻木，但为了糊口她选择了坚持，她无助地极不情愿地工作着。她有个业余爱好：画画，她想成为一名艺术家，但捉襟见肘的家庭境况，使得她暂时搁置了这个梦想。她有事无事时，便在皮鞋的底部画画，这可是个充满乐趣的工作。但有一天，师傅发现了这个情况，十分恼火她的嚣张与任性："你这样做这会给我们带来坏印象的，你简直是在砸我们的饭碗！"

麻烦来了，一位客人发现了这个问题，他歇斯底里地要求将皮鞋下面的画全部清除掉，并且向他赔礼道歉，还拒绝支付修鞋的费用。女孩子痛哭流涕，她没有想到自己的理想也会给人带来麻烦。

又一位顾客拿着鞋子找了过来，这是一位绅士，他的名字叫迪尔，他拿的鞋子下面画着一只张开的翅膀。"这是你画的吗?"迪尔先生问女孩子。

女孩子点头称是，同时低下头希望他能够谅解自己。师傅在旁边点头哈腰："先生，是我管教无方，请您一定不要和一个孩子过不去。""不，她简直是个天才，如果她一直在皮鞋下面画画的话，我相信有一天，她能够打破吉尼斯世界纪录。"女孩子惊恐地望着迪尔先生，她不知道他的话是褒是贬。"你愿意去我的学校吗？我是说学艺术、绘画、写字，我是一名老师，艺术老师，你不必考虑费用问题，面对一个天才，我应该有所牺牲的。"

这个叫卢拉的女孩子听后喜极而泣，她跟随着迪尔踏入了艺术的殿堂。后来，她不负众望，在众多的学生当中脱颖而出，成为沙特阿拉伯首屈一指的艺术大家。当游客们步入上海世博会沙特馆螺旋式艺术走廊，一定会看到左侧的墙面上展示的100多幅富有诗意、色彩缤纷的书法作品。这些作品就是女艺术家卢拉设计创作的。

成功是不可复制的，每个人都有自己的成功方式，但合适的志向首先是建立在了解自己的基础上的。《孙子兵法》说："知己知彼，方能百战不殆。"生活中也一样，合适的志向建立在了解自己的基础上，人做事不能盲目。你要承认自己不是完美的，要能够从经验中吸取教训，勇于抉择，改变不理想的现状。不要怕质疑自己的信念与行为，不了解自己真正想要的是什么会扼杀梦想，甚至会使人走上绝路。你有没有拼搏的目标？你是不是经常对自己反思？空有大志、空有美好的梦想是没有用的，合适的志向是建立在了解自己的基础上的。所以，先了解自己吧，然后去做好独一无二的自己。

⊙ 半途而废是成功的大敌

新东方的罗永浩老师曾经说过："失败只有一种，那就是半途而废！"无论做什么事，只有坚持到最后的人才能成功。这个道理自古有之。

从前，有个农民，由于全家人要喝水，他便出来找水。他挖得很用劲，本来坚持下去就会挖到水，但他却在距离水源很近的地方停下不干了，还说这地方没有水，放弃了这次很好的机会。其实只要那个农民坚持下去，他一定会找到水。

在我们的学习、生活中也经常会有类似的事情发生。比如，期末检测长跑，有很多同学能坚持下来，并且取得了很好的成绩。但有一小部分同学坚持不下来，跑到一半就不跑了，最后只能得到不及格的成绩。

做事一定要坚持到底，哪怕跑不动了，走也要走完全程。有时，在做事的时候会受到挫折，但一定要坚持下去，不能甩手不干。

爱迪生发明电灯时，曾试过几千种材料，最后才发现了钨丝可以持续不断地发出 10 天的光亮。在电灯的发明的过程中，他没有想过要放弃，只想一定要试验成功，他最后终于发明出电灯，为人类带来了光明。

莎士比亚曾经说过："千万人的失败，在于做事不彻底，往往做到离成功只差一步，便终止不做了。"这句话用来评价半途而废之人的所作所为，真是再恰当不过了。

其实大家都明白，没有人能一步登天，挫折、失败只是暂时的。不要因为暂时的失败而半途而废，尤其是在快要成功的时候，只要再坚持一下，你就可能拥抱成功。

古希腊大哲学家苏格拉底在开学第一天对学生们说："今天咱们只学一件最简单最容易做的事，每人把胳膊尽量往前甩。"说着，苏格拉底示范了一遍。"从今天开始，每天做 300 下。大家能做到吗？"

学生们都笑了。这么简单的事，有什么做不到的？过了一个月，苏格拉底问学生们："每天甩 300 下，哪些同学坚持了？"有 90% 的同学骄傲地举起了手。

又过了一个月，苏格拉底又问起这件事，坚持下来的学生只剩下八成。

一年过后，苏格拉底再一次问学生们："请告诉我，最简单的甩手，还有哪几位同学坚持了？"这时，只有一个学生举起了手。这个学生就是后来成为古希腊另一位大哲学家的柏拉图。

柏拉图从简单动作的坚持中锻炼了他的持之以恒的毅力和精神，这种毅力和精神最终使他成为举世闻名的大哲学家。

坚持是一种毅力、一种精神，它似乎看不见、摸不着，但它体现在每个人的身上，也表现在一件件小事上。

人的一生中，金钱、美色、地位、名誉等各种诱惑太多。人选定了奋斗目标后，途中难免因思谋金钱而驻足，因贪恋美色而沉沦，因渴求名誉而浮躁，因攫取地位而难眠。人如果不为诱惑所动，向着既定目标默然潜行，人生就会成功；反之就会为诱惑所困。人如果做事半途而废，成功就不可能实现。

所以，无论做什么都要懂得坚持，成功不容许任何半途而废的想法和行动。成功源自坚持，失败来自未尽而止。要时刻记得"不经一番寒彻骨，怎得梅花扑鼻香"！

古时候，有一个叫乐羊子的人，告别妻子在外地求学，但学问的艰深、求学的清苦，使他感到乏味得很。想着家里美丽的妻子、舒适的房舍，他在私塾待了一年后决定弃学返乡。他回到家，妻子的表情有些冷淡，她默默地看着他，终于开口道："不是要三年才能回来吗？""我想家，所以便回来了。"妻子没说什么，只是拿出一把剪刀。乐羊子诧异地盯着她，只见她走到织布机边，"咔嚓"一声，将织布机上织着的一匹布剪断了。妻子说："这本是一匹快要完工的布，但我剪断了它，它便成了一块废布。求学的道理也是一样，只要能坚持到底，付出艰苦的努力，就能成为一个有用的人，但若中途停下来放弃攻读，就会前功尽弃，如同这块废布一样，成为一个毫无用处的人。"乐羊子低头不语，他感到非常羞愧，自己的见识还不如一个女子，若不是妻子谆谆教诲，自己岂不是虚掷光阴，成为一个无用之人？想到此，乐羊子便拿起行装，决心回到私塾去完成学业。

对一个坚定地朝目标前进的人，别人一定会为他让路；而对一个踌躇不前、走走停停的人，别人一定会抢到他的前面去。两点之间，直线距离最短。人应该朝着既定的方向走去，越直接越好。瞻前顾后、患得患失，只会使自己与机会和成功擦身而过。

在一个深夜，装得满满的斯蒂文·惠特尼号轮船在爱尔兰撞上了悬崖，船在悬崖边停留了一会儿。有些乘客迅速地跳到了岩石上，于是他们获救了。而那些迟疑、害怕的乘客被打回来的海浪卷走，永远地被海浪吞没了。

在成功的路上，有相当一部分人随时准备好抽身后退，一碰到反对的信号或坏的机运，就弃目标于不顾，半途而废。这种坏习惯是成功者的大忌。任何事情的完成都不会一帆风顺，总会有许多挫折和困难，人只有保持持之以恒的决心，才能最终到达成功的彼岸。若遇到困难便止步不前，甚至放弃，只会无缘摘取成功之果，曾付出的时间和精力也会化为乌有，实在是有百害而无一利。

成功者与平凡人的差别就是当大多数人还在犹豫不决的时候，他们果断地做出了理智的决定。人不能一而再再而三地错失机会，然后在每一次错失后懊恼，又在新的机会面前犹豫不决。相反，我们要亮出慧眼，抛开犹豫不决，正确驾驭机会，甚至走在机会前面！

成功的到来，是需要时间的，因此坚持信念就显得极其重要。有些人成功，就因为他们比别人多坚持了一些时间；另一些人失败，也只是因为他们没能坚持到最后。

◎ 持之以恒，从平凡到非凡

多年以前，在京瓷滋贺县的工厂里，有一位工人，初中学历。本来他似乎没有什么发展的可能，因为他的低学历限制了他，但是他拥有最好的品德之一——持之以恒。

每当上司教他怎么做时，他总是一一记下。只要是上司布置的工作，他总是日复一日，不厌其烦地认真完成。他不显山不显水，一直默默无闻，无牢骚，无怨言，兢兢业业，孜孜不倦，持续着单调而又枯燥的工作。

20年后，当稻盛和夫再次与这个人见面时，大吃一惊，因为那么默默无闻的一个人，居然当上了事业部部长。令稻盛和夫惊奇的不仅是那个人的职位，而是在言谈中体会到，这位工人，已经是一个颇有人格魅力且很有见识的优秀领导。他本来看上去毫不起眼，但是认真和努力，再加上持之以恒，让他从"平凡"变成了"非凡"，这就是"坚持的力量"。

正如爱迪生所言，在成功中，"天分"所占的比例不过只有1%，剩下的99%都是勤奋和汗水。

专心于一行一业，不屈服于任何困难，坚持不懈，就能造就优秀，这就是成功人士给我们的启示。

古往今来，人们成功的途径各异，方式不同，但差异中又隐藏着共性：成功在于坚持。有一个"一万小时定律"，是说人要想在某一方面有所作为，要能坚持一万个小时，相当于每天练习近3个小时，坚持10年。你能坚持吗？坚持下来了，你就会成为某一方面的专家。"古之立大事者，不惟有超世之才，亦必有坚忍不拔之志。"说的正是这个道理。成功源于坚持。成功者比别人的高明之处，就在于他们在坚持上一贯做得比别人好，垒土成高台，坚持利长远、增后劲。

一个辍学的孩子到城里寻活干，找到份替快餐店送"外卖"的工作，每月工资不高，但很辛苦。他有过许多新伙伴，但他们都干不长，少则一月，多则三月，都受不了那微薄的工资而"跳槽"了。

他干了八年，从一个小孩长成青年。远近市场的商贩们几乎全认识他，六年时间，他们也把他认同为快餐店的老板。有一天，有一个新客户问他："每个月赚多少？"他红着脸说："三百。"她不信，他笑笑。

几个月后，他辞去了快餐店的工作，开了一家家政服务公司。家政服务公司竞争激烈，但是他的公司却生意爆满。原因很简单，他在送外卖的八年中，认识了几千位生意人，生意人是城里最需要家政服务的群体，而他给他们留下了最好的印象。当他在城里开起第四家连锁公司，资产像滚雪球一样膨胀的时候，认识他的人都觉得不可思议：一个送外卖的孩子，怎么可能单枪匹马在无缝可钻的市场中脱颖而出？他自己说："很少会有一个人送八年的外卖，只要坚持下来就可以出头了。"

很多人都有积极行动的勇气，却缺乏坚持等到胜利果实到来的耐心。当然，等待并不是一件容易的差事，等待的过程往往需要成本，也需要面对猜疑和自我怀疑。人必须常常提醒自己，今天付出的努力，不见得在明天就能看到效果和回报。成功需要耐心，需要心无旁骛，一心一意，厚积薄发。如果你想事业有成，不管未来怎样变迁，最好的选择就是做好自己目前的本职工作。当你全身心地投入到工作中去了，机会和成功也就离你不远了，人生的精彩更是离你不远了。

在生活中，每个人都应有自己做人的目标和方向。在实现目标的过程中，能否坚持下去尤为关键。有的人能按照自己的目标持之以恒地努力，最终获得成功；有的人却三天打鱼两天晒网，做什么都没有耐心，结果一生平庸。"坚持"是世界上最容易做的事，也是最难做到的事。

有两只青蛙不小心掉进一户人家的奶桶里。一只青蛙想："完了，全完了！这么高的桶，我永远也跳不出去了。"于是，这只青蛙很快就沉入桶底。另一只青蛙看见同伴沉没了，并没有沮丧、放弃，而是不断地告诫自己："上帝给了我坚强的意志和发达的肌肉，我一定能够跳出去。"这只青蛙一次又一次奋起、跳跃，不知过了多久，它突然发现脚下的牛奶变得坚实起来了，原来，它反复踩踏和跳动，已经把液体状的牛奶变成了一块奶酪！这只青蛙轻盈地从奶桶里跳了出来，获得了生存的机会。

只要你留意身边的成功人士，你会发现他们都有一个共同的特质，那就是他们都坚信只要持续努力下去，自己一定会成功。这就是"坚持的力量"。"坚持的力量"是世界上最伟大的力量之一。

孙中山曾说："吾心信其可行，则虽移山填海之难，终有成功之日，吾心信其不可行，则虽反掌折枝之易，亦无收效之期也。"孙中山本着这样的信念，历经数次革命，终于推翻清政府。"坚持的力量"缔造了一个时代。

有一句英文谚语是这么说的："Failure is an event, not a person。"意思是这世上只有失败的事，没有失败的人。事情之所以失败，往往是因为没有坚持。

"二战"时期，英国首相丘吉尔应邀在牛津大学的毕业典礼上发表了一场世界上最短又最有震撼力的演讲，整个演讲他只说了三句话："不要放弃，不要放弃，永远永远不要放弃。"

农民春耕秋收，其间要付出许多辛苦，作物才会成熟。学生要经过多年的苦读，才能求得知识，得到毕业证书。主任要升为经理不但要做好分内工作，还要付出许多额外的心血。运动员要登上冠军宝座，必须付出很多的汗水和泪水。可以肯定地说，无论你从事哪一个行业，只要付出得够多、工作够努力，迟早都会有成果。

很多人之所以失败，就是因为没有坚持。

爱迪生说："许多人在放弃时，不知道自己离成功有多近。"这就如同有的人打井，当打下的深度接近水源的时候，他放弃了，其实他只需要再往下打几米，水就会出来了。每个人都想成功，可是往往在未攀上顶峰之前就退下来了。所以，当你遇到困难想要放弃时，一定要鼓励自己再坚持一下，也许下一步就接近了成功。

◎ 理想的实现得益于进取的欲望

理想的实现得益于进取的欲望。

一枚草籽不幸地飘落在一条石缝里，被一块巨石紧紧地压着。这里本来是它不应该到的地方，这里与阳光隔绝，石缝里仅有一点点泥土，下雨时雨水也不曾洒向这里，水偶尔会从石面渗透下来几滴。但是，面对这恶劣环境的考验，草籽不曾放弃，它坚守着一生要绽放自身青绿的信念，顽强地活着，当阳光偶尔反射到这里时，它尽情地舒展；当雨水滴落下来时，它尽情地吮吸。它就这样顽强地活了下来。最后，它终于从一瓣嫩芽长成了一棵翠绿的青草，从巨石下面钻出来，昂起了它高贵的头，实现了自己的梦想。

富林克林23岁时，便写下了自己的《墓志铭》："本杰明·富林克林，一个印刷工的遗体在此长眠。就像一本旧书的封面，目录已被撕去，字母和镀金已经剥落，他的遗体将会腐朽，但他的著作将会永垂后世。他深信他的著作经过编者的校订与修改，会以更新更美的版本再度面世。"

艰苦的环境能锻造出坚毅的性格，理想的实现得益于进取的欲望。人只要努力，就能实现自己的理想。

库帕是美国一位无线电喜爱者，他很崇拜无线电界的资深人士乔治。他大学毕业后找不到工作，决定去乔治的公司试试。他想日后也能像乔治一样在无线电行业取得巨大的成就。

当库帕敲开乔治的房门时，乔治正在专心研究无线电话，也就是我们现在常用的手机。库帕将自己在心里想了良久的话在乔治面前讲了出来，他说："尊敬的乔治，我很想成为您公司的一员，当您的助手，我不求待遇……"谁知还没等库帕说完，乔治便粗暴地将他的话打断了。乔治用不屑的眼神看着库帕说："请问你干无线电多长时间了？"库帕坦率地说："我是今年刚毕业的学生，没干过无线电工作，可是我很喜欢这项工作……"乔治再次粗暴地打断了库帕："年轻人，我看你请出去吧，请你别再耽误我的时间。"原本坐卧不安忐忑不定的库帕，这时神色反倒舒缓了下来，他不慌不忙地说："我知道您此刻正在忙什么，是在研究无线移动电话是吗？也许我能够帮上您的忙呢！"但乔治仍是果断地下了逐客令。

1973年的一天，库帕拿着一个约有两块砖头大的无线电话，引得过路人纷纷注目。

这就是手机的发明者库帕的故事。乔治怎么也没想到，昔日被自己拒之门外的年轻人真的在自己之前研制出了无线移动电话——手机。现在，手机已成为人们日常生活中不可或缺的通信工具，库帕的名字也为人们所熟知。

进取的欲望有多大，人就能够走多远，人生的舞台就会有多宽！人可以改变可以改变的一切，并适应不能改变的一切！你现在没找到路，不等于没有路，乌云永远遮不住理想的光辉！

一所国际知名大学30年前曾对当时的在校学生做过一项调查，内容是个人目标的设定和规划情况。调查数据显示，没有目标和规划的人有27%，目标和规划模糊的人有60%，短期目标和规划清晰的人有10%，长期目标和规划清晰的人只有3%。30年后，这所大学再次找到了这些研究对象，并做了新的一轮统计，结果发现，第一类人几乎都生活在社会的最底层，长期在失败的阴影里挣扎；第二类人基本上都生活在社会的中下层，没有太大的理想和抱负，整天只知为生存而疲于奔命；第三类人大多进入了白领阶层，生活在社会的中上层；只有第四类人为了实现既定的目标，几十年如一日地努力拼搏、积极进取、百折不挠，最终成了百万富翁、行业领袖或精英人物。由此可见，30年前对人生的展望和规划情况决定了一个人30年后的生活状况。

人的心灵需要理想甚于需要物质。理想不付诸行动，只是虚无缥缈的雾；理想的实现得益于进取的欲望。人最大的敌人不是别人，而是自己，只有战胜自己，才能战胜困难！

◉执着追求梦想，会创造奇迹

心理学上有一个"皮格马利翁效应"，指热切的期望能够使期望者的梦想实现，也能使被期望的人或事达到期望者的要求。当一个人相信自己能行时，在自我暗示的启发和鼓励下，就能改变心态，向好的方面努力，从而获得一种积极向上的力量，增强自我价值的认定，并力争达到自己的目标，不使自己失望。

每个人都心中有梦，有的人希望能过上高品质的生活，有的人希望能改造这个社会，然而因为生活中的诸多挫折和日常琐碎，许多人的梦就此"缩水"，甚至再也不想去实现。

1940 年 11 月 27 日，李小龙出生在美国。因为父亲是演员，他从小就有了跑龙套的机会，于是产生了想当一名演员的志向，父亲便让他拜师习武来强身。后来，他像所有正常人一样上学、成家，但在他内心深处，一刻也不曾放弃当一名演员的梦想。一天，他与一位朋友谈到梦想时，随手在一张便笺上写下了自己的人生目标："我将会成为全美国最高薪酬的超级巨星。作为回报，我将奉献出最激动人心、最具震撼力的演出。从 1970 年开始，我将会赢得世界性声誉，到 1980 年，我将拥有 1000 万美元的财富，那时候，我与家人将会过上愉快、和谐、幸福的生活。"写下这张便笺的时候，他的生活正穷困潦倒，然而，他却把这些话深深铭记在心底。为实现梦想，他克服了无数个常人难以想象的困难。1971 年，命运之神终于向他露出了微笑。他主演的电影《精武门》刷新香港票房纪录。1972 年，他主演了《龙争虎斗》，这部电影使他成为一名国际巨星，被誉为"功夫之王"。1998 年，美国《时代》周刊将他评为"20 世纪英雄偶像"之一，他也是唯一入选"最被欧洲人认识的亚洲人"的华人。

人生能有几次搏？有志向的人是只勤奋的鸟儿，在还是黝黑的黎明时，就迎着曙光歌唱了。有志者千方百计地追求成功，无志者千难万难却碌碌无为。志在顶峰的人，不会因困难而退却，也不会半途而废。想干总会有办法，不想干总会有理由！人的心有多大，人生的舞台就有多大！

两颗相同的种子，同时被抛到地里。一颗种子想："我得把根扎到泥土里去，努力地生长，我要走过春夏秋冬，看到更多美丽的风景"。于是，它努力生长，在一个金黄色的秋天，它收获了，它看到了心中期盼的风景。而另一颗种子则认为："我若向上生长，可能会碰到坚硬的石头；如果向下生长扎根，可能会伤到自己的神经；我若开出幼苗，可能会被吃掉；若开花结果，可能会被一些不懂事的孩子连根拔起。还是留在原地不动的好，那样多舒服自在。"结果有一天，一只觅食的公鸡，三啄两啄，便吃掉了它。

从某种意义上说，我们生活的这个世界正是由人的梦想创造出来的。因为有了飞行的梦想，才会有飞机翱翔长空；因为有了远航的梦想，才会有巨轮劈波斩浪；因为有了征服的梦想，人类才能站在珠峰之巅。

薛瓦勒是个邮差。一天，他在送信时被石头绊倒了，他站起身，拍拍身上的尘土，准备继续走。他突然发现绊倒他的那块石头样子十分奇异，他拾起那块石头，左看右看，爱不释手。于是，他把那块石头放在了自己的邮包里。回家后疲惫地睡在床上，他突然产生了一个念头：如果用这样美丽的石头建造一座城堡，那将会多么迷人！于是，他每天在送信的途中都会寻找石头，每天都会带回一大堆奇形怪状的石头，但离建造城堡还远远不够。于是，他开始推着独轮车送信，只要发现他中意的石头都会往独轮车上装。从此以后，他再也没有过上一天安逸的日子，白天他是一个邮差和一个运送石头的苦力，晚上他又是一个建筑师，按照自己天马行空的想象来垒造自己的城堡。对于他的行为，所有人都感到不可思议，认为他的精神出了问题。

20多年的时间里，薛瓦勒不停地寻找石头、运输石头、堆积石头；在他的偏僻住处，出现了许多错落有致的城堡。当地人都知道有这样一个性格偏执、沉默不语的邮差在干一些如小孩子筑沙堡的游戏。1905 年，法国一家报纸的记者偶然发现了这群低矮的城堡，这里的风景和城堡的建筑格局令记者叹为观止。记者为此写了一篇介绍文章，文章刊出后，薛瓦勒迅速成为新闻人物。许多人都慕名前来参观城堡，连当时最有名的毕加索都专程前来参观薛瓦勒的建筑。现在这个城堡已成为法国最著名的风景旅游点，它的名字就叫作"邮差薛瓦勒之理想宫"。

在城堡的石头上，薛瓦勒当年的许多刻痕还清晰可见，有一句就刻在入口处的一块石头上："我想知道一块有了愿望的石头能走多远。"与其说那些城堡是用石头建造的，不如说是邮差薛瓦勒用梦想建造的。

对梦想的执着追求，将会创造出令人惊叹的天地：一粒花种，追求梦想就能盛开出一个春天；一株树苗，追求梦想就能成长为一片森林；一滴水珠，追求梦想就能汇聚为一片海洋……追求梦想，也就是追求奇迹。不要给自己设限，面对任何事情，都要积极动脑筋，让梦想唤醒内心深处的力量，最后你会发现"没有什么不可能"。

胆略篇

⊙ 敢于反省，超越失败

在人们的意识里，一提到反省，似乎是老年人的事情，而与青年人无缘，青年人就是要敢闯敢干，勇往直前，其实并不尽然。反省是不分年龄的，除了不懂事的孩子，反省对于任何年纪的人都是必要和有实际意义的。

反省主要是对挫折和失败的思考和总结，也是对成就、成功的自省。过去的成功是我们的财富，过去的错误也是我们的财富。对正确的反省会使人变得更加聪慧，对错误的反省会使人变得更加清醒。

反省首先是对自身所作所为进行的思考和总结。自己说过的话、做过的事，都是自己直接经历和体验的，对自己的一言一行进行反省，反省不理智之思、不和谐之音、不练达之举、不完美之事，往往能够得到真切、深入而细致的收获。曾子曰："吾日三省吾身。"反省不但要勇于面对自己、正视自己，而且要及时进行、反复进行。人如果疏忽了、怠惰了，就有可能放过一些本该及时反省的事情，进而导致自己犯错。

反省也是对别人的经验教训的思考和总结。个人的经验教训虽然来得更直接更真切，但其广度和深度毕竟是有限的。要获得更加广博而深刻的经验，还要在反省自身的基础上，善于从别人的经验教训中学习。成本最低的财富是把别人的教训当作自己的教训。

反省，归根结底是一种从认识到实践的过程。歌德曾说："知之尚需用之，思之犹应为之。"年轻人除了要善于反省，还要善于将反省的思考付诸实践。

有一家跨国公司的经理在绩效面谈时问他的下属："你这个月工作得怎么样？"下属说："哎呀，这个月我可真是忙得昏天黑地，光是加班都有十来次，好在绩效目标总算超额完成了！"主管说："好是好，问题是你这样忙碌地工作，有没有给自己留下总结思考的时间？"下属摇了摇头。主管接着说："如果你每天给自己留出哪怕10分钟的思考时间，总结反省一下自己，你的绩效可能会有新的提高，你也不会像现在忙得不可开交了。"

苏格拉底曾说过："一种未经审视的生活还不如没有的好。"在繁忙的工作中，有人会时时提醒自己，留一些思考、反省和总结的时间给自己，这会帮助自己发现不足，找到更简单、方便、快捷的工作方法和路径。

每天进行自我反省的过程是一个学习的过程，是一个人心智不断提高的过程，是一个人心灵不断升华的过程，也是一个人对所遵循的标准不断反思和不断提高的过程。有没有自我反省的能力、具不具备自我反省的精神，决定了我们能不能认识到自己的不足，能不能不断地学到新东西，并不断在工作中得到进步。

一个人如果不具备反省能力，今天是这个样子，明天仍然是这个样子，那他就不会发生什么根本性的进步。在日常的工作和生活中，我们应该如何反省自己呢？以一天为例，有三个方法可以参考：

1. 晨起自省半小时。

每天早上醒来的时候，你可以不要着急起床，让自己坐起来，问自己三个问题：我今天最重要的三件事是什么？我应该如何完成它们？今天有什么事情让我期待和高兴？问自己这些事情，不仅能使我们对一天的主要目标有清晰的认识，有条不紊地开展工作，而且能让我们以阳光快乐的心态面对生命中崭新的一天。

2. 静夜反思 10 分钟。

夜深人静之时，你可以冲个温水澡，然后关掉电视，静静地仰卧在沙发上，问自己三个问题：今天我的工作有效率吗？有哪些得失？有没有更好的方法可以做得更好？这样做会让我们把当天的成功与失败都镶嵌在"天花板"上，然后安然地进入甜美的梦乡。

3. 养成记工作日志的习惯。

其实，前两项的思考与反省，你可以和工作日志结合起来。坚持记工作日志是每一个职业人士不可缺少的职业习惯，把当天的工作收获、经验教训用文字的形式记录下来，既可以进一步梳理我们当天的行为，也有助于我们及时发现并了解到还有哪些工作需要及时改进和提高。同时，记日志是锻炼毅力、磨炼意志、增强韧性的好方法，关键在于坚持！日志的内容可以分为当天的经验教训、第二天的工作计划、创新灵感等，内容可多可少，自由掌握。

人反省一次容易，难在常常进行自我反省，人要时时给自己一点压力、一点提醒。反省，就是压力，就是提醒。

有空闲的时候多反省一下自己吧，它会使你在人际关系上多一些自如，少一些摩擦；也会使你在人生路上多一些成功，少一些失败。一个学会了反省的人，世界上再没有任何艰难险阻可以阻碍他走上成功的道路。

"失败是成功之母"是一条客观规律，但真要把失败向成功转化由可能变为现实，必须经过不断的探索和科学的分析，从失败中吸取教训，总结经验，指导今后的工作，这样才算没有"白白"地失败。成功并不是失败的积累，而是对失败的反省、总结与超越。

所以说，失败并不代表什么，只要你不为失败找各种逃避责任的借口，并认真从失败中总结经验教训，就可以从失败中获益，从勤奋中崛起，这才是正确的成才道路！

"人非圣贤，孰能无过"，失败并不可怕，可怕的是不去反省，对待失败的态度总是逃避而不是面对，这样的结果只能是再次失败。

聪明的人懂得利用失败的机会，好好地反省、总结失败的经验和教训，以避免第二次的失败。

◉ 正视自己，敢于放弃

"奥卡姆剃刀原理"是由英国奥卡姆一个知识渊博、能言善辩的"驳不倒的博士"威廉提出来的，简单概括起来就是：把事情变复杂很简单。这启示我们在处理事情时，要从根本上解决问题，不要人为地把事情复杂化，也就是说，有时放弃就是进步。

人背负太多的东西必定会影响前进的速度，这是显而易见的道理，人人都明白。但是，当真的需要去放弃的时候，很多人都舍不得，舍不得放弃已经得到的东西。殊不知，"舍得舍得，有舍才有得"。

丢掉一些东西，才能维持高速；学会放弃一些东西，才能不被它们所累，才能得到更多更有意义的东西；而不懂得放弃的人，有时会失去得更多。

有这样一个故事：

三个商人带着开采了十年的金子，越洋归国，不幸遇到了暴风雨。一个商人为了保住金子，被大浪吞没；一个商人为了留下部分金子，最终与船同归于尽；最后一个商人则放弃了船上的金子，乘救生艇逃离了危险，后来他又带领船队，打捞出三条装金子的货船，拥有了三个人的财富。

这个故事告诉我们，要想取得成功，要想有所建树，就必须学会放弃。因为有些时候，放弃才能够有更多的机会去得到更多。

人的一生，需要放弃的东西很多。古人云：鱼和熊掌不可兼得。如果不是我们应该拥有的，我们就要学会放弃。几十年的人生旅途，会有山山水水、风风雨雨，有所得也必然有所失，我们只有学会了放弃，才能拥有安然祥和的心态，才会活得充实、坦然而轻松。

很多人认为放弃是懦弱的表现，但其实很多时候，放弃是一种智慧的表现。一只狐狸被陷阱套住了一只爪子，它毫不迟疑地咬断了那只爪子，然后逃命。放弃一只爪子而保全一条性命，这是狐狸的"哲学"。人生亦应如此，当生活强迫我们必须付出惨痛的代价时，主动放弃局部利益而保全整体利益是最明智的选择。智者云："两弊相衡取其轻，两利相权取其重。"趋利避害，正是放弃的实质。

放弃，是为了长远的、宏大的目标或利益而放弃眼前的一点小利益。学会放弃，就是要学会拿得起放得下。放弃并不等于失去，而是为了更好地拥有。

古今中外，有多少名人志士，为了最远大、最崇高的理想而放弃眼前的利益，最终建功立业，名垂青史。陶渊明为了不与世俗同流合污，放弃了荣华富贵，追求清静高洁，成为流芳百世的"隐士"。伟大的文学家、思想家鲁迅，为了改造中国国民的灵魂，挽救民族危亡，追求独立自主，毅然放弃了就要学成的医学，拿起了文学这把"快刀"，刀刀刺向敌人的心脏。

小鸟和老鹰是好朋友，它们都有远大的抱负。在太平洋东岸生活久了，它们决定飞往太平洋西岸开拓一个新的天地。主意一定，它们开始做准备，采取分头行动的方式，看谁先到达目的地。从太平洋东岸飞到西岸需半个月时间，在路上需多次休息、吃饭、睡觉，没有充分准备是不行的。

老鹰准备了四件东西：一个大包裹，里面装满半个月的口粮；一个大水壶，里面装满水；一个小木筏，是用来休息的；一个急救包，里面装有各种药品，以备不时之需。老鹰对这些东西很满意，它觉得这样飞越太平洋会万无一失。当它背起这些东西试飞的时候，出乎意料的事发生了：这些东西压得它气喘吁吁，无论如何也飞不起来。老鹰想扔掉一些东西，但在它看来，每一件东西都非常重要，非带不可。它陷入一种深深的矛盾中不能自拔，心情烦躁，不知如何是好。

这时，小鸟却早已上路了，它只带了一件物品，那就是一根小树枝。飞得累了，它就把树枝放在海面上，站在上面休息；饿了，就放下树枝站在上面去捉鱼；困了，就放下树枝站在上面睡觉。半个月过去了，小鸟如愿以偿地飞到了太平洋西岸，将那里的大好风景尽收眼底，获得了一片新天地。

简单让小鸟获得了成功，老鹰却不懂得这个道理，它在东岸患得患失，想得越多，离成功越远。

老鹰因为不舍得随身的物品而失去了高速飞行的能力，从而失去了到达新天地的机会，小鸟却因为懂得舍弃而获得了成功。

这和我们一样，生活中，只有舍弃那些不必要的负荷才能轻装上阵，才能维持自己的最佳状态。相反地，如果背负着这样那样的压力或者所谓的"必需品"，就只能如乌龟一样慢慢"爬"了。

我们的生活是丰富多彩的，生活中值得关注的东西也非常多，但让我们放不下的东西也有很多，需要抵制的诱惑也非常多。如果我们一味捡起，它们会使我们的生活变得复杂而沉重，会使我们离成功越来越远。因此最有效、最简单的办法就是敢于放弃，专心一点，该放下的放下，该舍弃的舍弃。

学会放弃，可以使负重的心得到暂时的休息，摆脱烦恼和纠缠，沉浸在一种轻松愉悦的宁静之中；学会放弃，可以用充沛的精力去做你最想做、最该做、最需要做的事情；学会放弃，可以在无怨无悔和默默无闻的等待中使自己的心灵得到一份超越、一份执着和自信。

放弃是一种让步，但让步不等于退步。让一步，避其锋芒，然后养精蓄锐，以便更好地向前冲刺。让我们一起丢掉身上的"包袱"，大踏步地向前进吧！

◎ 三人行，必有我师

"三人行，必有我师焉。择其善者而从之，其不善者而改之。"这句话几乎家喻户晓，意思是：三个人同行，其中必定有我的老师。我选择他好的方面向他学习，看到他不好的方面就对照自己改正自己的缺点。

自古以来，我国就极为重视谦虚的美德，有许多这方面的格言警句启迪后人。如"谦受益，满招损"，"虚心竹有低头叶，傲骨梅无仰面花"，"百尺竿头，还要更进一步"等等。

然而，由于现代社会里浮躁的氛围，很多人自以为是，骄傲自满。他们只看到自己的优点，只看到自己比别人有优势的地方，却看不到自己的缺点和不足，这样的人难成大器。人应懂得"空杯"心态，懂得虚心向别人求教，尤其是要向比自己强的人学习。

年轻时候的富兰克林非常骄傲自大，好为人师，无论到哪里都显得咄咄逼人。造成他这一坏脾气的最大原因是他的父亲对他太过纵容，从来不对他的这种行为做出训斥。

不过富兰克林父亲的一位挚友倒是看不下去了，有一天，这位挚友把富兰克林叫到面前，用很温和的语气对他说："富兰克林，你想想看，你不肯尊重他人意见，事事都自以为是的行为，结果将使你怎样呢？人家受了你几次这种难堪后，就再也不愿意听你那骄傲的言论。你的朋友们会远远地避开你，免得受你一肚子的冤枉气。如果你还这样下去，那么你从此就不能交到好朋友，你也不能从他人那里获得知识了。再说，你现在所知道的事情才是那么一点点、很有限，就这样好为人师是不行的。在当老师之前，要先审视一下自己学生做好了没有。"

听了这一番话后富兰克林大受震动，他看清楚了自己过去的错误，决定从此痛改前非，在处事待人的时候改用谦虚好学的态度，言行也变得谦恭，时时慎防有损别人的尊严。

不久后，富兰克林便从一个受人鄙视、拒绝交往的自负者，变成了一个受人欢迎和爱戴的人际交往高手，并且从很多比他强的朋友那里学到了很多以前不曾学到的知识与经验，使自己的能力与素质不断增强。靠着自我修养的提高与丰富的人际关系资源，他最终成为美国一位伟大的领袖。

试想，如果富兰克林没有接受意见改掉自己的毛病，仍然是一意孤行，好为人师，说起话来不分大小，不礼貌待人，不把他人放在眼里，那么最终的结果一定不堪设想。

生活中有这样一类好为人师的人，他们总是喜欢指出别人这里做得不合适了，那里做得欠火候了，似乎他们什么都在行，对什么都能应付自如。

其实，这种自负，恰好是自卑心理的表现。他们之所以摆出一副"万事通"的面孔来，就是唯恐被人小视，他们炫耀自己的目的就是要提高自己的地位。可是这样做的结果只会使他们捉襟见肘，遭人厌恶。道理很简单，你不相信别人有办好事情的能力，别人也不会把你放在眼里。

事实上也是如此，没有一个人能够有好为人师的资本，因为任何人，即使他在某一方面的造诣很深，也不能够说他已经彻底精通，研究透彻了。而且在有的方面，他仍然是一窍不通的"学生"。

正所谓"一山还比一山高"，人不可自视过高，因为若高傲自大，自然心中狂妄，不屑他人作为，无法接受别人的意见，就会金玉良言听不进去，真理事实也看不到了。

爱因斯坦是20世纪世界上最伟大的科学家之一，他的相对论以及他在物理学界其他方面的研究成果，留给我们一笔取之不尽、用之不竭的财富。然而，像他这样的学者，仍然在有生之年不断地学习、研究，活到老，学到老。

学会欣赏别人，是一种人格修养，有助于自己逐渐走向完美。每个人都各有所长，随时发现别人的进步，随时为别人的成绩而喝彩，这对于一个人的生存能力、合作能力、发展能力的提高，都具有重要意义。

人无完人，每个人都有弱点，所以又何须骄傲自大，而阻碍了自己与他人的交谊、切磋学问的通道呢？因骄傲而损失了自己进步的机会，实在是不明智的。

大海因为能容，所以能纳百川。一个谦卑虚心的人，敢于处处向人请教，在工作、生活上自然获益匪浅。同时，他容易获得他人的友谊，增加自己职业发展中的机会，练就更多的才能，陶冶更好的德行。

"站得高，看得远。"人只有尽力地登上高处，才会有"欲穷千里目，更上一层楼"的感受。大科学家牛顿说过："如果说我能够看得更远，那是因为我站在了巨人的肩膀上！"

◉ 不给自己设限，勇于突破自我

每个人最大的敌人，也是最难打败的敌人就是自己。有的人不能接受自己，有的人不能改变自己，而无论哪种，都会影响人的成长。有位名人曾说过："若不给自己设限，那人生中就没有限制你发挥的藩篱。"在成功的路上，很多障碍并不是来自客观世界，而是来自自己。受限于自己给自己定下的框架，就永远不可能拥有突出重围、超越自我的突破。所以，不要给自己设限，突破自我，才能走向成功。

人们脑子中的"规矩"这个东西，是强者给弱者制订的游戏规则，人如果总是按照"规矩"来，一成不变，那就成为弱者了。要成为强者，就要学会不被这些"规矩"捆住手脚。

梅兰芳大师年轻时想要学习曲艺，师傅却称他不是学戏的料，因为他的眼睛呆板无神，这对讲究"眉目传情"的表演艺术来说，是个大忌。梅兰芳默默地离开，但他并没有因此而觉得自己唱不了戏，反而坚信自己只要努力就一定能有所突破。

于是梅兰芳买来了鸽子和金鱼,每天专注于鸽子俊捷的翔姿和金鱼飘逸的游动,让双目随着鸽子和金鱼灵活地遨游于天际和水域。日复一日,他终于练就了一双清澈善睐的明眸,在后来的表演生涯中让所有的观众都为之倾倒。

梅兰芳取得的成功,要归因于他心中已明确了自己的目标,同时也很乐观坦然地接受了师傅对他的评价。最重要的是,他通过夜以继日的努力拼搏最终克服了自身条件的不足,也克服了旁人的否定。最终,他突破了自己,获得了成功。

不给自己设限,别人就无法限制你,这一道理不止在人类中,在自然界也得到了证实。

有一种动物叫大黄蜂,它的身体肥大笨重,翅膀却十分短小。生物学家根据空气动力学原理,经过仔细计算,最后断言,大黄蜂是绝对不可能会飞的。但令人不解的是,大黄蜂不仅能飞,而且飞行速度远远超过一般的蜜蜂。这是为什么?因为大黄蜂不知道自己不会飞。

假如大黄蜂在很小的时候就听信了科学家们的善意劝告:小黄蜂,你的肚子这么大,身体这么肥胖,翅膀却那么短小,你怎么可能飞得起来?你还是老老实实地在地上爬吧。它们这辈子恐怕只能像蜗牛一样在地上缓慢地爬行了。

所以说,只要自己相信自己,不给自己设定可能的高度,那么你可能达到的高度就是无限高。

数千年来，人们一直认为要在四分钟内跑完一英里是件不可能的事。然而，在1954年5月6日，美国运动员班尼斯特打破了这个世界纪录。他是怎么做的呢？每天早上起床后，他便大声对自己说："我一定能在四分钟内跑完一英里！我一定能实现我的梦想！我一定能成功！"这样大喊100遍，然后他在教练库里顿博士的指导下，进行艰苦的体能训练。终于，他用3分56秒6的成绩打破了一英里长跑的世界纪录。

有趣的是，在随后的一年里，竟有37人同样打破了这一世界纪录，而再后面的一年里更高达200多人。

在现实生活中，当一件事被认为不可能时，我们往往会为不可能找到许多理由，例如：我的智商没有别人高，我吃不了苦，我天生记忆力差，我不是学数学的那块料……从而使这个"不可能"显得理所当然，我们也就当然不会采取积极有效的行动，最终的结果肯定是这件事真的成了"不可能"。

其实，"能"还是"不能"完全取决于你给自己设定的标准，你认为"能"，你就"能"；你认为"不能"，你就"不能"。

生活中，我们都希望每个日子美丽得犹如夜空中的繁星璀璨闪耀；我们都希望自己在精彩的生活里扮演重要的角色；我们都希望能够常常享受成功的喜悦。但只有自我突破，我们才能以新的姿态去迎接胜利的曙光。所以，我们要抛弃那些通向成功过程中的自我怀疑和自我设限，让自己的心灵达到自我突破和自我超越，以崭新的姿态迎接胜利的曙光，品尝成功的甜美滋味。

人的能力是有限的，但是潜力是无限的，更是出乎预料的。接受挑战、迎难而上，在高标准的目标基础上，给自己施加适度的压力，激活自己的潜力，人就可以创造属于自己的奇迹。

⊙ 不迷信权威，不盲目从众

权威，就是在社会生活中靠人们所公认的威望和影响而形成的支配力量。权威依其体现者的不同，可分为人物的、著作的、言论的、政党和团体的权威等；依表现权威的社会生活领域和影响的范围不同，可分为政治的、军事的、经济的、理论的、道德的、宗教的、科学的权威等。

在现今社会，很多人因为慑于权威的"榜样"力量，从来不敢对权威有何质疑，对权威达到了一种盲目迷信的程度。

权威不是不可信，但不可以迷信。我们在检查一个观点正确与否的时候，要多以否定的心态去推敲。以否定之否定的精神去看待权威的观点，既是对权威的尊重，也是对自己人格的尊重，更是对事实的尊重。只有这种质疑才有可能突破思想的桎梏，创造新的奇迹。

1953 年，袁隆平从西南农学院毕业，被分配到湖南湘西雪峰山麓的湖南省安江农校教书，最初他研究红薯、西红柿的育种栽培。就是在这里，袁隆平意识到只有水稻才是农民的救命粮。

1960 年，袁隆平又经历了大饥荒，更加坚定了自己要做点什么的决心。

当时，米丘林、李森科的"无性杂交"学说——"无性杂交可以改良品种，创造新品种"的传统论断垄断着科学界。袁隆平做了许多试验，却没有任何头绪。他开始怀疑"无性杂交"的一贯正确性，决定改变方向，沿着当时被批判的孟德尔、摩尔根遗传基因和染色体学说进行探索，研究水稻杂交。

在当时，作为自花授粉的水稻被认为根本没有杂交优势。"别人都讲我是'鬼五十七'（长沙方言，意为不务正业），我也不理。"但袁隆平义无反顾地选定了杂交水稻这一科研课题。

1960 年 7 月的一天，在安江农校实习农场早稻田中，袁隆平像往常一样，下课后挽起裤腿到稻田查看。突然，他发现一株植株高大、颗粒饱满的水稻"鹤立鸡群"。他如获至宝，马上用布条加以标记，反复观察，并采集花药进行镜检。

第二年，袁隆平把收获的种子种下去，结果长出的水稻高的高、矮的矮。"当时我非常失望地坐在田埂上……突然灵感来了，水稻是自花授粉的，不会出现性状分离，所以这一定是个天然杂交种！"

袁隆平马上想到，把雌雄同惢的水稻雄花人工去除，授以另一个品种的花粉，就能得到有杂交优势的种子了！但单凭人力不可能大量生产这样的种子，如果专门培育一种雄花退化的水稻，将其和其他的品种混种在一起，用竹竿一赶花粉就落在雌花上了，就能大量生产杂交稻种了！

接下来的几年，在水稻扬花吐穗的时候，袁隆平都拿着放大镜，顶着烈日在田间苦苦寻觅。1964 年 7 月 5 日，他在安江农校实习农场的洞庭早籼稻田中找到一株奇异的"天然雄性不育株"，这是国内首次发现。经人工授粉，结出了数百粒第一代雄性不育材料的种子。

1965 年 7 月，袁隆平又在安江农校附近稻田的南特号、早粳 4 号、胜利籼等品种中，逐穗检查 14000 多个稻穗，连同上年发现的不育株，共计找到 6 株。经过连续两年春播与翻秋，共有 4 株繁殖了 1 ~ 2 代。

1966 年 2 月 28 日，袁隆平发表第一篇论文《水稻的雄性不孕性》，刊登在中国科学院主编的《科学通报》半月刊第 17 卷第 4 期上。这是他关于杂交水稻的第一篇论文，直击禁区。

后来，每当袁隆平回想起之前这一切的时候，他都会深有感触地说："在研究杂交水稻的实践中，我深深地体会到，作为一名科技工作者，要尊重权威但不能迷信权威，要多读书但不能迷信书本，也不能害怕冷嘲热讽，害怕标新立异。如果老是迷信这个迷信那个，害怕这个害怕那个，那永远也创不了新，永远只能跟在别人后面。科技创新既需要仁者的胸怀、智者的头脑，更需要勇者的胆识、志者的坚韧。我们就是要敢想敢做敢坚持，相信自己能够依靠科技的力量和自己的本事自主创新，做科技创新的领跑人，这样才会取得成功。"

挑战权威需要一定的勇气。伽利略的勇气在于他不迷信书本，敢于向权威挑战，于是历史上有了著名的"比萨斜塔实验"，人类物理学翻开了崭新的一页。哥白尼、布鲁诺为什么名垂千古？不仅仅是因为他们在学术上成就卓著，更重要的是他们是真正的勇士，即使受到生命的威胁，也仍然坚持科学真理。

向权威挑战，不是胡来，骂一通完事，而是要拿出事实来，讲出道理来，想办法驳倒权威。而且，强调"必须破除'迷信权威'的心理惯性"，并不是要人们不加甄别地盲目地去"怀疑一切"，而是要求人们在致力于各项创新工程建设的过程中，要有理性头脑，要有大胆质疑、谨慎求证、勇于探索的精神。

某校举办活动，主持人将一位满脸大胡子的德国化学家介绍给同学们后，化学家用沙哑的嗓音说："我最近研究出了一种强烈挥发性液体，现在我要实验，看多长时间能从讲台挥发到全教室，凡闻到一点儿味道的，马上举手。"说着，他打开了密封的瓶塞，让透明的液体挥发……不一会儿，后排的同学、前排的同学、中间的同学都先后举起了手，不到两分钟，全体同学都举起了手。此时，化学家一把扯下大胡子，原来他是本校的德语老师！他笑着说："我这里装的是蒸馏水！"

从众，是指个人受到外界人群行为的影响，而在自己的知觉、判断、认识上表现出符合公众舆论或多数人的行为方式。作为一种比较普遍的社会心理和行为现象，从众通俗地说就是"人云亦云"、"随大流"：大家都这么认为，我也这么认为；大家都这么做，我也这么做。虽然说从众有积极的一面，有助于学习别人的智慧经验，扩大视野，修正自己的行为和思维方式，不过，盲目从众更有可能束缚思维、抑制个性发展、扼杀创造力，从而使人们在生活方式、文明习惯乃至人生境界等方面陷入流行化、浮躁化、庸俗化。

今天，在社会生活方面，到处可见从众心理的负面影响：休假旅游，一个个景点中游客扎堆，休闲成了闹心；一些传统建筑，竟然瞄上了国外的尖顶哥特式，一幢幢地跟风建起来，显得不伦不类；孩子上学，到择校高峰期，家长之间又刮起攀比风，"名校"、"名师"成为角逐焦点……

在文明习惯方面，从众心理也令很多人明知是错，但看到别人都这么做，自己也就跟着做了。十字路口，红灯亮了，行人纷纷驻足，但有人就是忍耐不住往前闯，于是，两个、三个……终于，大家一起闯了过去，独自留在斑马线这边的人，反而成了别人眼中的"傻瓜"；街边，赫然可见"禁止停车"的字样，但不知何时，一辆车子停了过去，很快，两辆、三辆、四辆……街边终于成了停车场；服务窗口前，长长的队伍有条不紊，终于，有一个耐不住了，加塞，接着就是连锁反应，窗前马上乱成一锅粥；公共场所，本是清爽整洁，一个游客随手扔下一张纸屑，第二个游客便扔下一个矿泉水瓶，第三个游客习惯性地吐下一口痰，半天不到，就成了垃圾场；保洁员拦下一位市民，问他为什么就不能多走一步把垃圾丢进垃圾箱，他说："这有什么啊，大家不都是这样吗？"……

我们也看到，很多人在从众心理的支使下，迷失了自己，在精神价值追求方面日渐庸俗化：看到同学升官发财了，马上坐不住"冷板凳"，一门心思攀附权贵，恨不得一夜之间"实现理想"；看到同事有房有车，活得有滋有味，马上想方设法跟风，一旦受挫立刻失去心理平衡；职场中，"办公室权谋"和实用主义"厚黑学"纷纷登场，大家在从众心理的支使下，唯恐落后，不惜抛弃人格与尊严。

鲁迅先生曾经深刻批判了国民中"看客"的从众心理，他大声疾呼"运用脑髓，放开眼光，自己来拿"的"不从众精神"。现代社会要求人们具备这样的智慧：一方面，普遍性的社会价值和公共道德，需要充分发挥从众心理，比如，在遵守法律、尊重他人权利等方面，从众心理可以形成普遍性的社会风尚，促进社会和谐；另一方面，生活方式、个性追求、精神价值，常常需要人们克服从众心理，寻找自我，实现自我。我们每天都要面对外界太多太多的诱惑，这就需要我们磨炼自己的意志，要有"任它风吹雨打，我自岿然不动"的强大内心。比如，做一个学者，面对诱人的商业利益，能不为所动，坚持学术操守；做一个普通人，不为左邻右舍的所谓"发达"而盲目追风，在自己的岗位上兢兢业业……有社会学家早就指出："在个人价值和社会选择上，我们每一个人都拥有一个坐标，从某种意义上说，每一个人都独特地属于'自己'，而不是别人。在纷繁复杂的现代社会，如何沉下心来，真正坚守自己，做真正的自己，这是我们每一个人必须面对的课题。"

从众心理是人长期社会选择的结果，在每一个时期总会若隐若现地存在。不过，在现代社会中，当现代化用各种手段把我们以前所未有的方式联系在一起的时候，从众心理的负面作用日益凸显。现代化所推崇的"标准化"产业形态、世俗化的思想潮流如享乐至上、"今朝有酒今朝醉"等等，常常在不知不觉之中，以同一种模式对人们进行打造。这个时候，从众心理常常把人们拉上一条"不归路"，随之而来的就是个性被淹没，独立精神被扼杀。

从众心理的负面作用是明显的，模式化的生活状态减弱了生活激情，"随大流"的生活态度使人们丧失了创造的动力。与此同时，思想观念上日渐庸俗化，不但弱化了人们的个性意识，更带来整个社会的平面化现象。从众，不敢向权威挑战，容易成为社会上的"流感"，在极短的时间之内席卷各个角落。人只有每时每刻在"流行"面前保持清醒的头脑，认真辨析各种潮流和价值观念的优劣，不盲从，不跟风，培养独立人格和自由精神，才能最大限度地克服从众心理的危害，真正活出属于自己的精彩。

所以，我们要做的是：正视权威，不盲目迷信，也不随意怀疑；保持自己的理智和想法，不盲从，不跟风，靠事实说话，勇于探索，完善自我。

◉ 做善于发现并抓住机会的智者

机会对于人们来说，是一种宝贵的资源，也是走向成功的条件。然而很多人只知道等待机会，其实努力创造机会，并抓住机会才是重要的。

生活为我们加快发展提供了很多很好的机会，但能不能发现这些机会，主要还是取决于我们以什么样的态度来对待机会。在机会面前，我们想要比别人快一步，就要懂得如何发现机会、创造机会。

泰国许多地方盛产椰子。椰树高达十几米，且树干光滑没有枝丫，采摘椰子难度非常大，每年摘椰子都要出一些安全事故。一位高中毕业的椰农深感人工摘椰子的困苦，于是想到利用性喜攀援的猴子帮园主和椰农采摘椰子。

于是，这位椰农设立了一个驯猴学校，主要训练猴子采摘椰子的技术：一是让猴子学会使用采摘工具；二是让猴子懂得辨别生熟；三是教会猴子摘下椰子能送到指定地点；四是训练猴子搬运装车。

然后，这位椰农把这些训练有素的猴子卖给那些椰园主或者想以出租猴子为业的农民。因为猴子摘椰子的工效比人高三四倍，结果，他训练的猴子供不应求。短短几年，这位椰农就成了当地首屈一指的富翁。

试想，如果那位泰国椰农只知道整天埋头采摘椰子，不善于思考，不善于创造，那么机会永远也不会来到他的面前。那么，怎样才能发现、机会制造机会呢？机会应该去哪里找呢？

很多时候，机会就藏在被人们忽视的地方，只要你敢于冲破常规习惯，善于思考，常怀有好奇心，那么你肯定就离发现机会不远了。下面这个故事就是很好的证明。

美国总统林肯在街头看到一份新到的《智慧》杂志，随手买了一本回到宿舍翻看。突然，他发现中间几页没有裁开。他用小刀裁开了它的连页，发现连页中的一段内容被纸糊住了。他又用小刀慢慢把纸刮开，于是现出了以下文字："恭贺您！您因您的好奇心和接受新事物的能力获得了本刊一万美元的奖金，请将杂志退还本刊，我们负责调换并给您寄去奖金。"

林肯对编辑部这种启发读者智慧和好奇心的做法极其欣赏，便提笔写了一封回信。不久，林肯便接到新调换的杂志和编辑部的一封回信："总统先生，在我们这次故意印错的300本杂志中，只有8个人从中获得了奖金，绝大多数人都采取了寄回杂志社重新调换刊物的做法。看来您是真正的智者。根据您来信的建议，我们决定将杂志改名。"这本杂志，就是今天风靡世界的《读者》。

读了这个耐人寻味的故事，相信大家都很受启发。换位思考下，如果换成你是林肯，你会和他一样做呢，还是如大多数人一样直接把杂志寄回调换呢？

不少人后悔没有揭开那薄薄的连在一起的几页纸和一段被糊住的文字。事实上，大地回春向万物发出了请柬，但并不是每一粒种子都能发芽。机会面前人人平等，只不过看谁会发现机会、抓住机会、制造机会。机会在人群中穿行，但并不是每一个人都能奋力去捕捉到。机会的确有好有坏，但与其抱怨没有机会，倒不如历练发现机会、制造机会的眼光。

当今时代，是一个机会特别多的时代，也是一个特别需要发现机会的眼光的时代。世界上时时刻刻都有改变在发生，有改变的地方就会有机会。

所以，我们只要重视生活中的变化，细心观察，不放过任何一个被忽略的角落，时时怀有一颗好奇心，那么就一定可以成为善于发现机会的智者。

◎ 良机只有一次，果断做决定

拖沓是人性的弱点之一，每个人在不同程度上都有不同程度的拖沓习惯，人生中80%的时间可能都在不知不觉的拖沓中浪费掉了。当人们从事一项活动时，感觉准备不足，或者产生依赖心理，就会产生拖沓现象，能拖就拖。心理学家发现，人们拖沓的习惯如果在外界环境的刺激下，例如条件所限或者规定时间内，就会产生行动的力量，让人更好地完成任务，这在心理学上叫作"最后通牒效应"。

人常常在迈出关键的一步时，瞻前顾后，犹豫不决，很多人因此坐失良机。有句话叫：谋事在人，成事在天。不要犹豫和等待，任何事都不会因为你回避它而自动消失，任何烦恼也不会因为你不去想它而烟消云散。与其逃避，不如面对，想好了就果断去做。行动力和执行力有时更能显示一个人的魄力和能力。

人总有太多的顾虑，需要面对太多的不确定因素，有些人终其一生都在等待，"这件事现在做会不会失败，等一等再说"的念头取代了无数其他的可能性。他们一直在等所谓的机会，等条件成熟，头发等白了，心也等老了，即使有能力了也没有机会去做了。

"犹豫不决往往比错误的行动还要糟糕。"生活中有很多机会，就看你会不会把握！善于把握机会的人，到处是机会；不善于把握机会的人，即使再好的机会来了也会错过。

有一位成功者，许多人问他："你这么成功，也曾经遇到过困难吗？""当然！"他说。"当你遇到困难时如何处理？""马上行动！""当你遇到经济上或其他方面的重大压力时，当你在感情上遇到挫折时，当你在人生过程中遇到困难时，都这么处理吗？""是的，马上解决！"

人生最宝贵的就是时间，机会像时间一样不等人。所以，成功的人生就要在机会来临时，立刻抓住它，然后迈出第一步。机会，总是留给有准备的人，要该出手时就出手。

有一位药材商人看好石油期货行情，认定买入肯定有利可图。当时原油每桶16美元左右。然而七拖八拖，当他找到一家期货公司预备入市时，一问，原油已涨破20美元一桶了。眼睁睁看着行情从面前溜过，失去一个赚钱的黄金机会，该商人惋惜地直跺脚。

这个案例给人们的教训就是机会稍纵即逝。古语云："兵贵神速。"在充满千变万化的现代社会，时间就是金钱，效率就是生命，迅速行动才能把握机会。

勃朗宁曾说过："良机只有一次，一旦坐失，就再也得不到了。"所以当机会来临时，应该迅速抓住机会，否则不但会失去成功的机会，很多时候还会失去已有的一切，甚至是自己的生命。

从前，在一个小镇的教堂里有一个十分虔诚的神父，他信仰上帝，终生未娶，到了80岁的高龄还是孤零零的一个人。上帝在天堂里看到了神父的所作所为，非常感动，于是打算报答神父。

一天晚上，神父在梦境里看到了上帝。上帝对神父说："我可爱的孩子，这么多年来你一直在教堂里陪伴我，让我非常感动。所以我今天托梦给你，明天小镇上要发洪水，很多人都会淹死。你不必害怕，到时候我会去救你。"神父早上醒来，回忆着这个梦，心里十分高兴。

这时，一个警察来敲教堂的窗户，并且大声喊着："神父，快跑啊，小镇上发大水了，再不跑就来不及了！"神父走到窗前看看，果然，小镇的街道都被洪水淹了，洪水还在上涨。神父镇定地对警察说："你们先走吧。我要等上帝来救我！"

警察气坏了，一声不响地走了。洪水还在上涨，涌入了教堂。神父爬到了钟楼上。这时，一艘汽艇开过来了，救援人员对着神父喊："神父，你再不走，就会被淹死了！"神父挥了挥手，说："孩子，你们先走吧，上帝会来救我的！"

汽艇也走了。洪水越来越高，神父最后没有办法，只好爬到教堂顶上，抱着塔尖，摇摇欲坠。他四下一看，嗬——都是水，上帝去哪儿了呢？这时，一架直升机开过来了，是搜救队在搜寻最后的生存目标。老远直升机上就放下绳梯，直升机上的人对神父喊："神父，抓住绳梯，跟我们走吧，上帝不会来了。"神父还是不走，最后被淹死了。

死后，神父的灵魂来到天堂，看到了上帝。神父气坏了，质问上帝："你说过要去救我，怎么说话不算数？"上帝一听也发火了："你说你怎么就那么笨呢？我派了一个警察、一艘汽艇、一架直升机去救你，你还不走，你不是找死吗？"

可见，当机会来到眼前的时候，要及时地抓住，否则，"上帝"也救不了你！

威廉·詹姆斯曾说："不管你知道多少金玉良言，不管你具备多好的条件，在机会降临时，你若不具体地运用，就不会有进步。一个人有好的构想，却不贡献出来，人生就不会改善。"

事实确实如此。现实生活中，有太多的人想获得成功，可真正获得成功的人却寥寥无几。在失败者中，有许多是"聪明人"，他们既迷恋于功成名就带来的一切物质方面的诱惑，又对成功道路上的每一点付出精打细算，唯恐付出与收获不等值，结果在徘徊不定、犹豫不决中，错过了一次又一次的机遇。

一个中国留学生毕业之后准备在澳洲工作，好不容易找到一份工作后，那位主管问他："你有车吗？你会开车吗？这份工作是离不开车的。"留学生说："有，会。"事实上那位留学生连方向盘都不曾摸过，他只是不想丧失这一绝好的机会。于是主管说："那好，一周后我们进行面试，请你开车前来。"留学生回去后，借钱买了辆二手车，第二天去学驾驶，第三天就开车上了路，第四天沉着地开车去考驾照，第五天开着车绕着这个城市转了几圈，开得非常平稳。最后，他在一周后的面试中成功地过了关。现在，他已经是澳洲电讯的业务主管。

上述故事中的留学生迅速把握住了难得的机遇，从而使自己走向了成功。其实把握机遇并不难，只要你有足够的勇气和自信，面对机遇，切记不要犹豫，一犹豫，机遇就会弃你而去。

所以说，想要获得成功，就要先抓住适当的机会，而把握机会的秘诀是快速地行动与准备。人生就像旅程，机会是导游，我们就是旅客。我们必须随时都预备好自己的行李，只要一听到机会在敲我们的门，就立即提起行李跟它走。

◎ 顺势调整，有胆还要有谋

古语有云："顺势者昌，逆势者亡。"无论一个人的力量有多强大，也终究逃不过自然和社会发展的规律。人的力量无法与自然和社会的力量抗衡，所以当局势发生改变的时候，最应该做的事就是顺应局势调整自己，让自己更好地适应环境。越早调整的人，越能快速适应，这样的人往往能最后走向成功。

2004 年，陈奇经历了一次"失意"的高考——发挥失常，总分刚够清华大学文科提档线，考虑到专业，他选择了中国人民大学。在他看来这已经是退而求其次了，可上天还是跟他开了个玩笑：录取结果出来以后，他如愿进入人大，但是被调剂到哲学系。

陈奇感到前所未有的郁闷：一方面，哲学并不是他喜欢的学科；另一方面，他不明白哲学系的前途在何方。

因为对哲学专业实在提不起兴趣，尽管面对着学术界最知名的教授课课，陈奇也时常分心，上课时精神萎靡不振，根本不能投入学习。很快，他的学习成绩一路频亮"红灯"，下降的速度极快。

临近毕业的时候，陈奇开始担心自己的毕业问题，同时，也为自己的不努力感到后悔。各种现实的压力让他决定要重新振作起来。于是，他下定决心考研，考自己喜欢的专业。

考虑到数学成绩不太好，陈奇一开始就把目标锁定在不需要考数学的几门学科上，在简单比较了新闻学和法学这两个比较喜欢的专业后，他选择了法学作为考研方向。

但就是这一决定让陈奇之后在复习中无比纠结和痛苦。因为同样讲究概念辨析、逻辑推理的法学也让他觉得枯燥无趣。旁听以及每天辛苦的复习没有什么实质性进展，这让陈奇开始怀疑自己学习的能力，担心高考的噩梦还会继续上演。

就在陈奇对考研迷茫的时候，学校研究生推优工作开始了，陈奇恰好符合要求。于是一个新的机会摆在他的面前。可是，他内心又开始矛盾了，一方面是下定决心要考取梦想的专业，一方面是顺应新形势的研究生直升，到底该如何抉择呢？

最终，一位老师的话给了陈奇很大的启发，促使他做出了正确的抉择。那位老师说："有时选择放弃也是宣示执着的方式，适时地变通、调整自己的选择也是一种成功的策略。"

于是，陈奇选择了保研，并顺利通过了研究生推免程序，被保送至管理哲学方向攻读研究生。这个专业既有"哲学"又有"管理"，给了他更多的乐趣。

现在，陈奇学得很轻松、很快乐，再也没有了之前考研时候的痛苦和难挨。可见，顺应事情发展的趋势，往往是最明智的抉择。

很多时候，顺应时势的改变，可以为自己创造时间，为自己的蓄势待发创造机会。

春秋时期，吴越两国相邻，经常打仗。有一次，吴王领兵攻打越国，被越王勾践的大将灵姑浮砍中了右脚，最后伤重而亡。吴王死后，他的儿子夫差继位。三年以后，夫差带兵前去攻打越国，以报杀父之仇。

公元前497年，吴越两国在夫椒交战，吴国大获全胜，越王勾践被迫退居到会稽。吴王派兵追击，把勾践围困在会稽山上，情况非常危急。此时，勾践听从了大夫文种的计策，准备了一些金银财宝和几个美女，派人偷偷地送给吴国太宰，并通过太宰向吴王求情，吴王最后答应了越王勾践的求和。吴国的伍子胥认为不能与越国讲和，否则无异于放虎归山，可是吴王不听。

越王勾践投降后，便和妻子一起前往吴国，他们夫妻俩住在夫差父亲墓旁的石屋里，做看守坟墓和养马的事情。夫差每次出游，勾践总是拿着马鞭，恭恭敬敬地跟在后面。后来吴王夫差生病，勾践为了表明对夫差的忠心，竟亲自去尝夫差大便的味道，以便来判断夫差病愈的日期。夫差认为勾践对他敬爱忠诚，就把勾践夫妇放回越国。

越王勾践回国以后，立志要报仇雪恨。他睡觉卧在柴薪之上，坐卧的地方挂着苦胆，表示不忘国耻，不忘艰苦。经过十年的养精蓄锐，越国终于由弱国变成强国，最后打败了吴国，吴王自杀而亡。

越王勾践能够随时局改变自己的行事方式，这是他最终获得成功的最主要的原因。

世上很多事情成败的原因可以归结为一个字——"势"。顺势而为，如顺水推舟，事半功倍；逆势为之，则如逆水行舟，功败垂成。

一个人能干大事、干成事，往往不是这个人的本事大，不是这个人的运气好，而是这个人顺应了时势，是时势成就了他，正所谓"时势造英雄"。

很多时候你改变不了世界，只有改变自己；你让世界适应你，只会碰得头破血流；你主动适应世界，则会顺风顺水，一帆风顺。历史表明，存在即合理，因此凡事要顺势而为。只有在原有的基础上精益求精，最终的结果才能出人意料地好。

世界上的每个人都是一块"金子"，一块被掩埋在土里的"金子"，一块可能暂时看不到任何光泽的"金子"，但这并不影响"金子"能够闪光的本质，每一块"金子"都会闪光。人只要不为暂时的失意放弃希望，不为暂时的失败放弃努力，而是为成功时刻准备着，就能及时抓住成功的机会。

所以，朋友们，不要再一味埋怨世事的多变，也不要记恨他人的刁难，更不要惋惜和后悔已经失去的机遇，让我们从现在开始，只争朝夕，不屈不挠，不懈努力，时刻准备，成功自会水到渠成。

⊙ 当断则断，置之死地而后生

我们所处的是一个充满挑战的时代，挑战是很多现代人生活中必要的一部分，"压力山大"已成为现代人真实的生存写照。但即使这样，人仍须挑战，挑战自己未知的事物，挑战自己已知的事物。

面对挑战的压力，有时候人显得很无奈或感到束手无策，其实这并不意味着个人的"无能"，因为这些均是前进过程中的"代价"，也是社会进步中可以获得的"附加值"。

秘鲁动物园里有一只美洲虎，秘鲁人为了保护它，专门为它建造了虎园，还提供食物供它享用。奇怪的是它常常是吃了睡，睡了吃。一位动物学家建议说："虎是林中之王，园里最好放些凶狠的肉食动物来引起它与之争斗的兴趣。"动物园里的管理人员采纳了专家的意见，放进了三只豺狗，从这以后美洲虎不再睡懒觉了，它时而站在山顶引颈长啸；时而冲下山来，雄赳赳地满园巡逻；时而追逐豺狗挑畔。美洲虎有了攻击的对手，也就有了压力，精神倍增。

另一位生物学家向人们讲述他观察到的蚂蚁驮稻草的情形：一只蚂蚁驮着的稻草体积比它大 100 多倍，生物学家饶有兴致地看着这只蚂蚁在地面上艰难爬行。"我看到这只蚂蚁前进的路上有一条裂缝。这条缝太宽，蚂蚁爬不过去。但不必为蚂蚁担心，它自有它的法子。它慢慢地把那根笨重的稻草横在裂缝上，然后爬到稻草上轻轻松松跨过了这条'鸿沟'。之后，蚂蚁慢慢地把那根稻草从裂缝上拖走，继续驮着稻草赶它的路。"末了，这位生物学家总结说："我们以为它驮着的是不小的担子，会妨碍它行走，实际上那也是让蚂蚁能跨过'鸿沟'的桥梁。"

自然界现象如此，社会现象也是如此。人的理想有很多，但真正能够实现的并不多，面对着时常出现的目标，每个人在实现的过程中，都会或多或少地遭遇困境、逆境。不少人最后好不容易获得成功，以为终于可以安心了，然而，下一个具体的奋斗目标和方向很快压在他们身上，他们再也感受不到成功的喜悦，有时甚至会失去向目标努力的乐趣。

霍勒斯说："逆境展示奇才，顺境隐没英才。"人生往往是顺的时候少，不顺的时候多。换个角度来看，逆境其实是命运给予人们的一种"附加值"。有人说过，坎坷是一所最好的大学。成功者和失败者的差别就是对待逆境的态度——失败者在逆境面前停步不前，成功者在逆境中扬帆奋进。

逆境是人生的重要组成部分，无论愿意与否，人都会遭遇人生的逆境，而且可能不止一次。人生如逆水行舟，不进则退。人想要获得进步，有所提高，就要每天努力一点，每天进步一点，只有这样，才能做到脚踏实地，一步一个脚印地走向成功。没有人生下来就会跑，每个人的成功都离不开后天的努力，只要今天比昨天强就是进步。

人和环境的关系永远是值得深思的命题，然而，许多人却不懂得如何解答。托尔斯泰说："世界上只有两种人：一种是观望者，一种是行动者。大多数人都想改变这个世界，但很少有人想改变自己。"因为要改变自己，就要改变自己的观念。

一个小男孩在他父亲的葡萄酒厂看守橡木桶。每天早上，他用抹布将一个个木桶擦拭干净，然后一排排整齐地摆放好。令他生气的是：往往一夜之间，风就把他排列整齐的木桶吹得东倒西歪。小男孩很委屈地哭了。父亲摸着小男孩的头说："孩子，别伤心，我们可以想办法去征服风。"

于是，小男孩擦干眼泪，坐在木桶边想啊想啊，想了半天终于想出了一个办法。他去井边挑来一桶一桶的清水，把它们倒进那些空空的橡木桶里，然后就忐忑不安地回家睡觉了。

第二天，天刚蒙蒙亮，小男孩就匆匆爬了起来，他跑到放木桶的地方一看，那些木桶一个个排列得整整齐齐，没有一个被风吹倒的，也没有一个被风吹歪的。小男孩高兴地笑了，对父亲说："要想木桶不被风吹倒，就要加重木桶的重量。"男孩的父亲赞许地笑了。

是的，我们可能改变不了风，改变不了这个世界上的许多东西，但是我们可以改变自己，给自己加重，这样我们就可以适应变化，不被打败。

现代日常生活中也是一样，我们不能期望一切都一帆风顺，当我们的生活、工作遇到坎坷和挫折时，我们应该逆流而上，而不是随波逐流，最终碌碌无为。

人生在世，要经历太多的风雨和太多的变数，怎么去看待它们，决定了你以后的人生是否能够成功，正所谓"态度决定一切"。摩天大厦起于一砖一瓦，过程中会遇到数不清的困难和麻烦，但最终的胜利属于脚踏实地、面对逆境认真努力的人。

◎ 斩断退路，把自己逼上"悬崖"

一个人的成就大小往往取决于他所遇到的困难的程度，竖在你面前的栏杆越高，你跳得也就越远越高。这正是"跨栏效应"的神奇之处，即你无论做什么事情，都要满怀信心，全力以赴，永远都要坐在前排。困难像弹簧，你弱它就强，没有绝望的处境，只有对处境绝望的人。

一个人的某个器官如果发生了病变，为了抵御病变，其他器官往往比正常的器官的功能还要强，比如盲人的听觉、触觉、嗅觉都要比正常人更加灵敏；失去双臂的人的平衡感更强，双脚也更加灵活。因此，当一个人身患绝症时，只要不放弃生活的勇气，对生命保持积极乐观态度，并以实际的行动与病魔坚持做斗争，有时就能创造医学达不到的奇迹。

绝望的人总是抱怨这个世界不公平、世人无情，但他们自己却没有为此做出努力，于是只能在空想、抱怨中消极处世，直至陷入绝望之中。

一个患麻风病的病人，病了近40年，一直躺在路旁，等待有人把他拖到有神奇力量的水池边。后来有人拖他至水池边，但他仍躺着，没有往水池迈近半步。有一天，天神找到了他，问道："你到底要不要解除病魔？"那麻风病人说："当然要，可是人心好险恶，他们只顾自己，却不帮我。"天神听了，再问他说："那你为什么不靠自己？""唉，我想，等我爬过水池中，水就会干涸了。"天神回答说："好，那你现在就站起来自己走到水池边去，不要老是找一些不能完成的理由为自己辩解。"麻风病人听了，深感羞愧，立即站起身来，走向池水边，用手心盛着神水喝了几口。

人在"绝境"中不好受，但打击要忍，逆境也要受。世上没有真正的绝境，人每时每刻其实都是"幸运"的。绝境可以是坏事，也能变成好事，这取决于你如何去看待和处理。我们要不断地充实和完善自身。适者生存，不适者遭淘汰，这是很正常的自然规律。"绝境"中的"受"，并不是被动地接受认可，而是以积极主动的态度，把绝境转化为超越自身的动力，让自身在逆境中获得学习、成长的机会。

一位先哲说过，无论怎样学习，都不如他在绝境中学得迅速、深入、持久。一个绝境就是一次挑战，一个难得的学习机会，如果你不是被吓倒，而是奋力拼搏，就可以学会思考，体验到顺境中无法体会的东西；逆境、绝境使人能在磨难中提升能力，了解社会，加快发展，也许你会因为逆境、绝境而创造出超越自我的奇迹。

逆境、绝境可以成为人在困境中奋进最好的推动力。欲成大事者，因目标高远，面对的困难会有很多，因此必须有即使在逆境、绝境中也要勇往直前的信心和勇气，这样才能绝处逢生，获得发展的机会。要知道，最出色的成绩往往是在超出别人想象的艰难中做出的。

他在一个普通的美国家庭出生，家境贫寒，上完大学后，家里就无法再供他继续学业了。大学毕业以后，他在一家杂志社找了一份工作。有了工作之后，他开始在报纸上发表文章，他有远大的梦想，想要成就一番大事业。

几年过去了，他发表了不少文章，但仍然没有成名。他认为整天写"豆腐块"没出息，于是考虑写长篇小说。28 岁那年，他终于写出了一部书，但作品出版后，反应平平，既没有赚到钱，也没有获得期望中的名声。他的心一下子沉下去，他开始怀疑自己的能力。

恰逢此时，他和杂志社老板闹意见，老板一怒之下，炒了他的"鱿鱼"。他气愤之至，卷起铺盖就走人。他四处求职，可是身上的钱已花得差不多，工作还没着落，他越来越穷困潦倒。偏偏这时，一场人生的灾难骤然降临，他病倒了。医生告诉他，这种病在短期内没法痊愈，需要长期住院观察，他听了，感到人生被划上一个圆圈，他彻底绝望了。

日子一天天过去，病情仍未见好转，他躺在床上什么都不做，感到全身空落落的。他开始胡思乱想起来。一天，他忽然想，何不找些轻松的书籍来阅读，譬如推理小说之类的呢？

说看就看，他真的找来几本小说看起来。两年后，他出院了，他竟在不知不觉间看了两千多本书。或许是潜移默化，或许是其他原因，总之，他渐渐喜欢上推理小说，最后，他干脆写起推理小说来。让他感到惊讶的是，他觉得自己竟然很适合写推理小说。不久，他就写出一篇小说，小心翼翼地送到编辑手上。让人深感意外的是，这篇名叫《班森杀人事件》的推理小说，一出版就大受欢迎，他由此迅速走红。

他叫范达因，是美国推理小说之父。他创作的《菲洛·万斯探案集》，成为世界推理小说史上的经典巨著，全球销售量达8000万册。

疾病、灾难、失意、贫穷、失败，这些看似会让人陷入绝境的困难，其实未必是成功的阻碍。许多时候，只有当一个人跌到了人生的谷底，远离了欲望和喧嚣，才能彻底看清自己，知道自己要走什么路。而一个人知道了自己要走什么路的时候，他才能克服艰难险阻，取得成功。挫折往往是人生的是一种转换，也是成功或失败的一个机会。

博迪是法国的一名记者，在1995年的一天，他心脏病骤然发作，导致四肢瘫痪，而且丧失了说话的功能。被病魔"奇袭"后的博迪躺在医院的病床上，脑子虽清醒，但是全身的器官中只有左眼还能动。然而，他并没有被病魔打倒。虽然口不能言，手不能写，但他还是信心十足，要把自己在病倒前就开始构思的作品完成并出版。出版商派了一个叫门迪宝的笔录员来做他的助手，每天 6 小时，给他的著作做笔录。博迪只会眨眼，所以只能通过眨动左眼与门迪宝沟通，一个字母一个字母地向门迪宝背出他的腹稿，而后由门迪宝抄录下来。门迪宝每一次都要按程序把字母拼进去，让博迪来抉择，假如博迪眨一次眼，就证明字母是正确的；假如是眨两次，则表明字母不对。因为博迪是靠记忆来推断词语的，开始时他和门迪宝并不熟悉这样的沟通方法，所以发生了不少困难和笑话。起初每天用 6 小时默录词语，每天只能录一页，后缓缓加到 3 页。几个月之后，他们历经艰难困苦，最终完成这部著作。据粗略估量，为了写这本书，博迪共眨了左眼 20 多万次。这本不平常的书仅有 150 页，出版时，它的名字叫《潜水衣与蝴蝶》。

博迪以顽强的意志在一般人看似是绝境的病痛中自强不息，以坚定的意志和顽强的精神与病魔搏斗，最终"人定胜天"，用人类宝贵的意志创造了神话般的奇迹，为我们留下了不朽的著作。

人要战胜绝境，世上没有真正的绝境，任何逆境都不是永久的。只要生命不息，人生就有希望。

⊙ 没人能阻拦一个敢为天下先的人

美国心理学家桑代克在 19 世纪末 20 世纪初用猫做的"迷笼"实验极为经典：他将猫放在一个特制的迷笼内，笼外放有可望而不可即的食物。猫在笼中乱撞乱跑，偶然触动了开关，从而得到了食物。在以后的重复实验中，猫的纷乱动作随着尝试次数的增多而逐渐减少。最后猫一进入"迷笼"就去触动开关，一下就得到了食物。桑代克认为，动物学习的过程是一个不断尝试、不断犯错，最后获得成功的渐进过程。问题的解决是一定的情境和一定的行为在多次联结中最终取得达到一定目的的效果的学习行为。

尝试的结果要么是偶然的成功，要么是注定的失败。但是人正是在不断的探索和尝试中，才可能达到成功的彼岸。当然失败的教训是巨大的，因为激烈的市场竞争中一个错误的决策可能会毁去成功的时机和可能，尽量提高"尝试—错误"模式中的成功概率，减少"尝试—错误"的次数，这样会帮你赢得先机。达特茅斯学院所属塔克商学院的悉尼·芬克尔斯坦教授出版了一本《聪明的经理为何会失败》的培训书，他从企业界每年发生的众多案例中仔细筛选出上百个情节均十分曲折复杂的案例，并将这些案例在哈佛商学院等学校内供学生们仔细研究。芬克尔斯坦教授认为："学习成功经验的最好方法是从研究失败的教训中获得的。"通过研究别人的失败，总结经验教训，可以降低"尝试—错误"学习过程中所付出的成本。失败也是一种学习，失败并不如想象中的可怕。失败是成功之母，不敢失败就等于不敢成功，所以，"跌倒了，也要抓把沙子"。

有一次，住在田纳西曼菲斯的杂货店店员克莱伦斯·桑德到当时新兴的快餐店去吃饭，他看到这里生意兴隆，人们排着长龙自己选菜选饭，然后吃饭，顿时，灵感来了：能不能在自己的杂货店里也采取这种让顾客随意挑选商品的形式呢？随后他就把这个念头说给他的老板听，没想到却遭到了老板的大声呵斥："收回你这个愚蠢的主意吧，没人这么做过。"可是桑德不肯放弃，他辞去工作自己开了一家小杂货店，并且引进了这种全新的经营理念。很快，他的小店就吸引了许多顾客，门庭若市，生意兴隆了起来。后来，他又接二连三地开了多家分店，也取得了巨大的成功。这就是当今风靡全球的超市的前身。

波德莱尔说过："没有一件工作是旷日持久的，除了那件你不敢着手进行的工作。"

中国航天之父钱学森，在国内没人懂火箭的年代，敢为天下先，创造了中国航天业的奇迹；迈克尔·杰克逊是第一个把多类型舞蹈和音乐完美结合的黑人音乐家，他开创了一个音乐时代……他们都做到了敢为天下先。

1997年，台湾地区联经出版公司推出了全球第一套《魔戒》的中文译本《指环王》，但是，销售情况不佳。一个名叫朱学恒的电子工程专业毕业生，平时最爱读魔幻小说，他在读完英文版《魔戒》后，发现中文译本《指环王》简直不忍卒读，于是提笔写信给联经出版公司，希望能重译，并自荐担此重任。他还慷慨地表示，如果重译本销量不到一万册，他分文不取。联经出版公司据此与这个大胆的读者签订了翻译合同。《魔戒》新译本出版后，买者排成长队，很快销了几万册。

古语说："敢为天下先，故成器长。"也就是说，一个人在社会中、生活中、事业中有敢为天下先的勇气和处世态度，就能成就大业。

1914年7月4日，在美国西雅图市举行的国庆庆祝活动现场，出现了一架飞机，飞机在空中做着各种精彩的表演。人群中爆发出一阵阵掌声和呐喊——20世纪初期，飞机还是一个少有人接触的新鲜事物。

飞机降落后，飞行员马罗尼便被潮水般的人群围住了。人们不但羡慕他的勇敢，更是对飞机这个"怪物"能够翱翔于高空充满了好奇。

这时，马罗尼笑着问周围的群众："有谁愿意和我一起飞上天去试一试吗?"连问三遍,无人应声——对飞机这种新鲜事物,人们在好奇的同时,也对它生有无穷的恐惧:这东西飞在空中,谁知道它会不会摔下来?这时,一个青年霍地站出来,大声对马罗尼说:"先生,我想我可以同你一起飞上天!"

飞机在马罗尼的操纵下,稳稳地飞上了天空,然后在空中做着各种精彩的动作。那个青年尽管平生第一次飞上天,心里有些害怕,可还是好奇地问这问那,不住地观察马罗尼驾机的每一个动作。20分钟过后,在人们的欢呼声中,飞机稳稳地降落下来,青年面带微笑地走出机舱,大声向周围的人们呼喊:"真的不错,可以上去试一试!"观众包括飞行员马罗尼都为青年的勇气报以热烈的掌声。

这个青年从此对飞机产生了浓厚的兴趣。不久,他就萌生了制造飞机的念头。在好友的帮助下,他用当地廉价的木材制造出新型的轻便飞机。1916年,这个青年制造出了世界上第一架浮筒式小木飞机。在人们惊讶的目光中,青年亲自驾着自己研制的飞机进行飞行试验,一举成功!此后,这个青年在西雅图郊区正式成立了"太平洋航空产品公司",1917年改名为"波音公司"。这个敢于挑战蓝天的青年就是"波音"公司的创始人——威廉·爱德华特·波音。90多年来,波音公司始终致力于新产品、新技术的探索和开发,从民用飞机、军用飞机到航天飞机、运载火箭、全球通信卫星网络、国际空间站,成为全世界最大的航空航天公司。

成功,从某种意义上说是寻找自己兴趣的艺术,你若能看清自身的条件和特点，找到适合自己的焦点，也许就成功了一半。所以说，一个人如果执着于感兴趣的事业，就会有所建树。

美国少年斯克劳斯受母亲的影响自小就喜欢时装，他的母亲是个裁缝，尽管家境贫寒，但阻止不了斯克劳斯要做一名出色的时装设计师的梦想。斯克劳斯常常将母亲裁剪后的布角偷来，东拼西凑地做成各种各样的衣服，并穿着自己做的衣服走在大街上。斯克劳斯的母亲见儿子沉迷于服装设计，便鼓励儿子去向时装大师戴维斯请教。那一年斯克劳斯18岁，他带着自己设计的粗布衣来到了戴维斯的时装设计公司，很多人看到斯克劳斯设计的粗陋衣服时，忍不住哄堂大笑，可是戴维斯却将斯克劳斯留了下来。在戴维斯的鼓励与帮助下，斯克劳斯设计出了大量的粗布衣，可是没有人对斯克劳斯的衣服感兴趣。但斯克劳斯很固执，他坚信自己的衣服会受到人们的欢迎，于是他试着将那些粗布衣运往非洲销给劳工们。由于价格低廉、耐磨，那些衣服居然很受劳工们的欢迎，很快销售一空。他又将那些粗布衣做成适合旅行者穿的款式，居然又很受旅行爱好者的欢迎。接着他又设计出了许多种款式的个性化的衣服，人们惊奇地发现，这些衣服不分季节，任何年龄的人都可以穿。一时间，大家都争着穿起了斯克劳斯设计的粗布衣。如今以斯克劳斯与戴维斯为品牌的牛仔衣已风靡全球。

不管这个世界上有多少"不可能"，只要你敢于"站出来"，勇于尝试，你就会最终"站起来"。所以你如果敢为天下先，就会有创造奇迹的"可能"！

◉ 车到山前必有路

"车到山前必有路"是中国的一句老话，而"车到山前必有路，有路必有丰田车"是 20 世纪 80 年代日本丰田公司推广其市场产品的一句广告语，更是对"车到山前必有路"这句话的诠释和发展，展示了丰田公司的企业文化内涵。

丰田公司是日本的一个老企业，它的历史可以追溯到 1933 年，当时的丰田只不过是其始祖丰田佐吉经营的丰田自动织机厂内设的一个汽车部。1938 年，经营起色之后，丰田佐吉的长子丰田喜一郎才将其改名为丰田汽车公司。丰田佐吉和丰田喜一郎父子俩在个性上类似，他们善于搞发明创造，而不善于技术创新，更不善于提炼技术创新中的文化观念。丰田公司虽然在"二战"期间因为转化军工而获得了较大的发展，但"二战"后转向民用后，步入了极其艰难的时期。

这时，新上任的负责人石田退三，果断地做出与众不同的决策，把丰田公司的企业文化提炼出来：第一，节俭创新，能省尽量省；第二，技术更新，只要有钱，就用来更新设备；第三，生产自动化，用机械替代人力劳动，提高技术水平。

石田退三提炼出来的企业文化理念首先得到了日本中央银行名古屋分行的支持，使丰田度过了最为艰难的时期，取得了较大发展。其后继任者丰田英二，更是推崇技术创新，并从全方位来理解技术创新，不仅在技术层面上搞创新，而且将其升华为新思维。其具体内容是：其一，人无我有，比如针对美国市场需求，丰田公司开发出了小型的大众化汽车；其二，人有我优，比如丰田公司确立了以"方便顾客使用"为中心的理念来进行技术创新，推出了价格更低、安全性能更好的"光冠"牌汽车；其三，人优我新，比如丰田公司为了适应环保的要求，进行洁净技术开发和研究，生产出环保型汽车，同时还研究出节省燃料的汽车。

自20世纪50年代之后，丰田公司通过技术创新，不断开拓新的思维和思路，逐渐形成了独特的企业文化，以杜绝浪费、走三及时（即生产零件能在需要的时间，不多不少地出现在生产线应当出现的位置上）和自动化（包括机械自动化和人的自动化两个方面）为特色之路。

1958年，丰田公司的汽车初次投入美国市场时，销售量仅为280辆，20年后猛增到50万辆。到1975年，在美国汽车进口市场上，丰田取代德国的大众，成为美国汽车进口的第一品牌。20世纪80年代初，丰田公司的汽车年产量超过 300 万辆，位居世界汽车行业第二位。1994 年，丰田公司排名全球最大企业第 15 位，销售额达 881 亿元。丰田公司以其独特的技术创新与企业文化而闻名全球。

我们可以看出，在丰田公司发展的过程中，原本是没有路的，所有的路都是丰田人一步一步走出来的，他们从技术创新中开拓出了新思维。这些文化思维经过 30 多年的技术创新的提炼，形成了完整的"丰田企业文化"，并帮助汽车工业的后来者日本超过了汽车强国美国。

不光是在大企业的实践中，即使在普通人的人生中，我们同样可以领悟到"车到山前必有路"的哲理。

一位经营农场的农场主，生活只够温饱，他的身体强健，工作认真勤勉，从来不敢妄想财富。突然有一天，他瘫痪了，躺在床上动弹不得。亲友都认为他这辈子完了，事实却不然。他的身体瘫痪，意志却丝毫不受影响，依然可以思考和计划。他决定要让自己活得充满希望，活得乐观、开朗，做一个有用的人，继续养家糊口，不成为家人的负担。他把自己的构想告诉家人："我的双手不能工作了，我要开始用大脑工作，由你们来代替我的双手。我们的农场全部改种玉米，用收成的玉米养猪，趁着乳猪肉质鲜嫩的时候灌成香肠出售，一定会很畅销！"最后，乳猪香肠果然一炮走红，成为家喻户晓的美食。

每个人在遇到困难时都要激励自己，相信"车到山前必有路"。

这个世界上压根就没有"死胡同"，即使有"死胡同"，你也可以通过"跳墙"等方式通过。有道是"山路十八弯","车到山前必有路",人只要有足够的洞察力,就能够穿越山谷。

因此,人应该保持积极的态度,相信世上没有想不出的办法。世上本没有路,有了人,也就有了路。"路"是一个外延的概念,我们每天所经历的一切,都可以用"路"来定位。人生中充满了路,无论是物质的还是精神的。站在任何一条道路上都是选择的结果,当然,无论在哪条道路上,只要前方不是深渊,你就可以大胆地往前走。

◉ 不逃避，直面问题

现实生活中，常有人用逃避来麻醉自己，以减轻痛苦。但这是没有用处的。

无论生活中还是工作中，敢于承担责任都是一种永远不会褪色的光环。不敢于承担责任的人，是没有立足于社会和发展自我的机会的。

人之所以产生逃避心理，习惯退缩，一个重要原因就是缺乏明确的人生目标，缺乏自信。马尔茨认为，人的心理加工是无意识的，若想成效显著，就得建立认知人所追寻目标的系统，否则心理会自动扭曲、忽略或断章取义。

习惯于逃避的人一会儿向东，一会儿向西，一下子试试这个，一下子又试试那个，遇到困难就退缩，似乎永远没有定向。如果把人生比作大海行船，这样的人生就如同没有目的地的船，没有明确的方向，自然没有抗击风浪的动力，只能四处飘荡，随波逐流。所以，要摆脱逃避心理，首先要明确人生目标。建议给自己一段闲暇时间，找来一支笔和一张纸，画出一张人生旅程的地图，并勾勒出自己的目的地和旅行的路径。目标要有一定的难度，但又不能脱离实际，目标的制定要把握几个原则：

1. 肯定自己希望的结果。

2. 结果要尽可能具体。

3. 目标要能够以客观标准衡量。目标达成后，要确实可评可考。如：不能把"过得幸福"作为目标，因为幸福是很难衡量的。

4. 经常反思自己所做的结果。每隔一段时间都有必要认真地去反思，调整自己努力的方向，不至于沿着错路一直走下去。

5. 学会直面挫折。逃避尽管能帮助人暂时地摆脱责任和压力，但不能最终解决问题。人如果总是逃避，逃避将变成一种习惯，日后也会见困难就躲，见挫折就逃，最终发现自己无路可逃。

应对挫折可以从以下方面做起：

首先，要正确认识挫折。每个人都应懂得，没有谁的人生是一帆风顺的，人随时都会遇到不同的挫折，每个人都无法逃避，每个人都应该为应对挫折做好心理准备，这才不至于在挫折来临时，无所适从、惊慌失措。其次，还应该认识到，一个人一生中经受一些适当的挫折，并不完全是坏事。"天将降大任于斯人也，必先苦其心志，劳其筋骨，饿其体肤……"挫折可以磨砺人的意志，提高人扭转逆境、克服困难、迎接挑战、适应社会的能力。反之，一个人如果不经历困难和挫折，一生一帆风顺，就犹如温室里的花卉，经不住人生中的风霜雨雪，很容易被一时的挫折所压垮，这样的人难以成才，也难以有所作为。

人要学会应付挫折的技巧。应对挫折的技巧大致有以下几种：

1. 期望法。遇到挫折时，不要让自己局限在悲观的情绪中，要多想想美好的未来，不断激励自己振作起来，一切都会过去，别人可以，自己也可以，只要坚持就会成功。

2. 知足法。在挫折面前，要学会知足，多看看自己得到的，同时也和周围境况不如自己的人比比，这样就容易从烦恼、痛苦中解脱出来。

3. 补偿法。"失之东隅，收之桑榆。"在某方面的目标受挫时，不要灰心气馁，可以另一个可能成功的目标来代替，而不至于陷入苦恼、忧伤、悲观、绝望的境地。

4. 升华法。在遭受挫折的打击以后，要让消极情绪变成奋发的力量，去争取新的成功，这是应付挫折最积极的态度。

总之，挫折并不可怕，只要不逃避，直面目标，勇于拼搏，人生之船就会战胜惊涛骇浪，驶过激流险滩，航行至理想的彼岸。

一个积极进取的人，必须培养和树立责任心，只有这样，才有可能勇敢地承担责任，才可能去做自己想做的事，否则就会畏首畏尾，永远走不出黑暗的泥沼。因此，不论遇到什么问题，哪怕是面临失败，也不要灰心丧气，要勇敢地正视它，以积极的态度寻找应变的方法。

⊙ 脚踏实地，专注于一行一业

稻盛和夫说："我之所以并不器重才子，是因为才子往往倾向于对今日等闲视之，厌恶像乌龟那样缓慢地度过一天，而希望像脱兔似的走捷径。"众多优秀且聪明的人才进入了京瓷公司，也正是这些人才，以为公司没有前途而辞职。留下来的大多是不太聪明、平凡的人。但是，正是这些人，最终做成了让那些聪明人望尘莫及的事情，他们在10年、20年后都晋升为各部门的骨干或领导。

那些通常让人们引以为傲的东西，有时恰恰是专注做事的障碍。人如果不能调动全身的感觉和能量潜身于细节之中，就不会有持久的热情和到位的思维。

稻盛和夫看重"笨人"，而对"聪明人"总是不那么信任。在他看来，一个合格的经营者不是要知道多少复杂的知识和理论，而是要懂得珍视那些看似简单却正确的原则。聪明的人往往对简单的哲学一扫而过或视而不见，但那些不那么聪明的人却极其珍视它，不仅用脑筋理解，还用灵魂领悟，使其变成血肉的一部分。

稻盛和夫在《干法》中，提出了一个振聋发聩的观点：专心致志于一行一业，不腻烦，不焦躁，埋头苦干，你的人生就会开出美丽的花，结出丰硕的果。

所谓人生，就是"一瞬间持续的积累"。每一秒钟的积累成为今天这一天，每一天的积累成为一周、一月、一年，乃至人的一生。

同样，"伟大的事业"乃是"朴实、枯燥工作"的积累。那些让人惊奇的伟业，实际上几乎都是极为普通的人兢兢业业、一步一步持续积累的结果。人不管有多么伟大的理想，都要靠一步一个脚印、孜孜不倦、持续地努力才能实现。

沙滩上，两个人在捡贝壳。一个人捡了满满一篮子贝壳，另一个人却两手空空，一无所获。捡了一篮子贝壳的人，不管贝壳的样子、颜色、大小，只要是贝壳他都装进篮子里。而没有捡到贝壳的人，他要挑花色好的、又大又好看的，他是专为挑贝壳而来的，觉得如果挑不到最好的，就枉费了自己的一片苦心。一阵风吹过，下起了大雨，两人只好赶快回家。捡到贝壳的人感觉开心又充实，而没有捡到贝壳的人却在咒骂上天的不测风云。

每一个人都要明白，做事脚踏实地，从一点一滴着手，才能不断地成功，而好高骛远、"这山望着那山高"的人，是永远也不会成功的，因为他们从来就没有体会过成功之路上的艰辛，也就无法品尝到成功的甘甜。远处的海市蜃楼虽然好看，但那永远不会变为现实，人只有善于抓住眼前，才能一路笑看风景。

稻盛和夫曾举了一个很好的例子。他说："埃及的金字塔是由许许多多无名氏通过艰苦的地道作业堆砌而成的。他们将切好的巨石一块块砌上去，数百万、数千万巨石就是靠他们的双手一块接一块地运过来、砌上去。他们是多么令人惊叹的奇迹！"金字塔正因为凝结了无数人的汗水，所以能够超越悠久的历史，至今屹立在我们面前。这其中隐含的道理恰似我们每个人的一生。

脚踏实地，专心于一行一业，不屈服于任何困难，就能造就优秀的人格，这就是稻盛和夫给我们的智慧，也是成功之道。

⊙ 借力使力，运用他人智慧为自己"添金"

个人的力量是有限的，一个人必须懂得借力使力，让比自己更强的"巨人"帮助自己，才能更好地发展事业，完善自身。站在巨人肩膀上发展比自己执着地单枪匹马埋头苦干更卓有成效。

千里马常有，但伯乐难求。如果没有徐悲鸿的鼎力推荐，可能齐白石成名就没有那么顺利；如果没有梅克夫人的全力相助，可能就没有柴可夫斯基的惊世之作。纵观历史，许多人正是因为站在巨人的肩膀上，才能更快地发展自己；那些伟大的发明很多也是站在巨人的肩膀上才会诞生和发展的。

正是由于爱因斯坦的伟大公式奠定了原子弹的理论基础，才使萨克斯、费米、西拉德等科学家在此基础之上，研制出了震撼世界的原子弹。如果这些科学家仅凭自己的智慧，一点一点地推算，恐怕可能一辈子都望不到这片天空。

在职场中，你是否想过，如果懂得"站在巨人的肩膀上"，你的效能将得到极大的提高，你将更容易胜任你的工作，从而更容易在职场中走红？这一点，已经得到了研究证明。

美国有位叫罗勃·凯利的教授，他深入到世界500强大企业和政府等机构进行调查研究，发现了所谓的"职场红人"，既无高人一等的聪颖资质，也没无与伦比的自信心，更无卓越的领导技巧，他们能够被重用，靠的是"他们懂得运用自身拥有的一切资源"。他们借助身边的资源，发挥出了最大的综合效力，大幅度地增进个人的能力，从而为企业创造出更多绩效，实现了自己的成功。

20岁出头、还在上大学的田卫是"80后"的典型代表，由于学的是计算机专业，所以他很自然地接触了IT行业。有着创业冲动的田卫在大三时就开始了自己的创业之旅。一开始，凭借自己的勤奋及杰出的编程技术基础，田卫从别的公司接了很多活自己来做，并以此获得创业的"第一桶金"。

与很多创业的人一样，田卫注册了自己的公司，开始招揽更多的业务。田卫渐渐发现，凭借自己一个人的力量已经无法同时为越来越多的客户提供服务。于是田卫开始招聘自己的员工，并亲自培训。然而客户的需求是多样化的，田卫凭借自己的技术与才干并不能全面满足客户的需求，同时，田卫也没有精力自己去开发一些应用程序来满足客户的相关需求。

这时候，田卫想起了牛顿的"站在巨人肩膀上"的那句名言。田卫想到了 IBM、CISCO 等跨国巨头，如果能够和这样的跨国公司合作，那无疑会令田卫的事业站到一个新的高峰之上。

不过，想站到巨人肩膀上并不容易。像田卫这样刚刚创业的年轻人，何况还是个学生，是不可能引起 IBM、CISCO 的兴趣的。在几次碰壁之后，田卫开始思考是不是可以寻找国内一些实力强大的公司合作。通过互联网搜索，田卫发现了他一直认为只有跨国公司才会拥有的"中间件"技术在国内已经被一家叫作中龙网库的公司实现了技术突破，而且，中龙网库所提供的"中间件"在价格上十分便宜。抱着试试看的心态，田卫从南京跑到了北京与中龙网库洽谈，而中龙网库也正在着手推广其十年技术攻坚所取得的"EDN 中间件"。由于田卫自己也是技术出身，因此在看了中龙网库产品之后，当即觉得中龙网库就是他要寻找并愿意让自己站上去的"肩膀"！与中龙网库的合作，不仅使田卫的公司技术实力大大增强，业务范围也大大拓展，而且田卫也不再需要为自己的售后服务所担忧。不到两个月，田卫的业务收入便获得成倍的增长，还在上大三的田卫也俨然成为拥有千万资产的"80 后"成功人士！

对于自己的成功，田卫认为：除了"要站在巨人的肩膀上"这至关重要的一点外，关键是要看"巨人"到底是谁，该如何去寻找适合自己的"巨人"。正所谓："君子生非异也，善假于物也。"只有懂得站在巨人的肩膀上的人才能拥有更远的视野，才会找到适合自己发展的更远的天空！

⊙ 附录：胆识、胆量趣味测试

你有胆量承担责任吗？

一个胆小畏缩的人被看作天才，几乎是不可能的。天才多半遇事敢于挺身而出。让我们来测试一下你是不是敢作敢为的人。

1. 如果有人在你前面加塞，你会：

    A. 默不作声。

    B. 说："对不起，是我先来的。"

    C. 大声批评他，直到他放弃。

2. 如果你在商店得到了很不好的服务，你会：

    A. 向身边的顾客诉说，但是不向工作人员反映。

    B. 向售货员大吵大嚷。

    C. 回家给公司经理写信，详细说明你的不满。

3. 你把东西送去修理，但是当你把它拿回家时发现没有修好，你会：

A. 试着自己修理。

B. 给维修部打电话说明问题。

C. 愤怒地回到维修部要求见经理。

4. 当你在书店看书时发现某人的书剽窃了你的作品，你会：

A. 置之不理，认为这有可能是巧合。

B. 向律师咨询。

C. 与作者联系要一个说法。

5. 你想在拥挤的商店里引起注意，但是没人理睬，你会：

A. 厌烦地挤出去。

B. 耐心等待，直到得到服务。

C. 大声叫嚷，直到有人注意到你。

6. 你参加工作面试，你会：

A. 看着室内其他等候的人，心想不来就好了。

B. 说明你的资格，希望得到最好的结果。

C. 充满信心地说明为什么你是最适合这个工作的人选。

7. 你的孩子回家向你抱怨受到老师训斥，你会：

A. 告诉他不要放在心上，一切都会过去的。

B. 告诉你的孩子必须自己勇敢面对。

C. 要求约见老师，把问题弄清楚。

8. 你的邻居经常在夜里大声播放音乐。你会：

A. 过去抱怨。

B. 增强你的房间的隔音效果。

C. 叫警察。

9. 你的晋升要求受到了忽视，你会：

   A. 辞职。

   B. 努力工作，争取下次得到比较好的结果。

   C. 向老板抱怨你应得到更好的待遇。

10. 你需要加工资，你会：

   A. 在生活中精打细算。

   B. 做额外的工作，希望有人注意到。

   C. 直接找老板谈。

11. 你感觉老板不赏识你对公司做出的贡献，你会：

   A. 要求做一次员工评议。

   B. 另找一份工作。

   C. 向你的同事抱怨并希望老板能听到。

12. 在一个公开的会议上，你发现你与演讲者的观点完全不同，

   你会：

   A. 离开会场。

   B. 向邻座的朋友低声发表你的反对意见。

   C. 站起来提出尖锐的问题。

13. 你不赞成的宗教派别的成员来到你家门口，你会：

A. 邀请他们进来，向他们详细阐述你的观点。

B. 捐点钱把他们打发走。

C. 让他们离开。

14. 某人来你家要求捐助。你已经捐过几次钱，实在拿不起了，

你会：

A. 向他坦白地说明你认为你已经捐得够多了。

B. 不开门，让他以为你不在家。

C. 向他说对不起，你现在没有钱。

15. 一个朋友让你谈谈对她/他刚买的衣服的看法，你会：

A. 冷淡地表示赞许，希望对方得到暗示。

B. 坦率地说这件衣服不好。

C. 换一个话题。

16. 一位政界候选人来到你家，希望你在选举的时候支持他。

你会：

A. 与他讨论各种问题，说以后再做出决定。

B. 坦率地告诉他你不会选他。

C. 告诉他你会选他（你对所有其他候选人都说过这话）。

17. 朋友邀请你一起去看你觉得可能没意思的演出，你会：

A. 指出这没什么意思并建议做点别的。

B. 在最后一分钟打电话说你病了。

C. 不管怎样还是去了，并努力使自己感兴趣。

18. 一个你喜欢的人发表了与你不同的观点，你会：

    A. 保持沉默，不想破坏你们之间的关系。

    B. 温和地反对，但在真正争论前就放弃了。

    C. 激烈地发表你自己的观点，希望真诚会赢得赞许。

19. 明确阐述你的观点比受欢迎更重要吗？

    A. 不清楚。

    B. 是。

    C. 不是。

20. 你会仅仅为了保持和气而对你感觉强烈的问题保持沉默吗？

    A. 很有可能。

    B. 可能。

    C. 肯定不会。

21. 你的岳母周末来到你家，抱怨你家里的一切，你会：

    A. 平静地指出你的生活方式很适合你。

    B. 告诉她不喜欢可以马上回家。

    C. 不去理睬，反正她星期一就会走的。

22. 在观看体育比赛的时候，你发现周围是对方的支持者，

    你会：

    A. 非常安静并把你支持的队的旗藏起来。

    B. 嘲笑对方的支持者是反对派。

    C. 为你支持的队大声欢呼。

23. 酒吧里有一个身材魁梧的酒鬼在发表令人讨厌的种族主义言

论，你会：

   A. 在麻烦开始前离开酒吧。

   B. 针对这个问题展开讨论。

   C. 大声对他说，他是一个顽固不化的人。

24. 你看见一个警察非法停车去干洗店取衣服，你会：

   A. 给他的上级写信正式提出批评。

   B. 走到他面前批评他。

   C. 视而不见，你不想惹麻烦。

25. 在一次家长—教师会上，你强烈感觉到应该发表一种不受欢

迎的观点，你会：

   A. 在会后向家长—教师委员会写信说明你的观点。

   B. 说出你的感受，不管你会冒犯谁。

   C. 保持沉默，你还要与这些人共处。

答案：

计分标准：A. 1 分；B. 2 分；C. 3 分。

分数评析：

最高分为 75 分。

70~75 分

是的，你非常敢作敢为，让别人注意你说的话没有任何困难。它

不会使你成为天才，但至少你不会被忽视。你很有可能因为直率而使

别人不安，但是如果你想成为天才，你不能为这些事烦恼或者改变你的想法，你也不会。

65 ~ 69 分

你相当敢作敢为，让人听到你的观点通常不会有麻烦。然而，要想成为一个天才，你还应该更加强劲。进入天才的行列是不易的，你应该尽最大可能做到敢作敢为。

45 ~ 64 分

哦，你是一个大好人。要么强硬起来，要么忘掉天才的梦想。没有人会认真地对待你。

44 分以下

胆量不够哦，需提升胆量。

测测你的逃避心理

1. 与人约会，你会准时赴约吗？

2. 你认为你这个人可靠吗？

3. 你会因未雨绸缪而储蓄吗？

4. 出外旅游，找不到垃圾桶时，你会把垃圾带回家吗？

5. 遇到麻烦时，你会想方设法负责任吗？

6. 你永远将正事列为优先，再做其他休闲吗？

7. 收到别人的信，你总会在一两天内就回信吗？

8. "做一件事情，就要把它做好。"你相信这句话吗？

9. 与人相约，你从来不会耽误，即使自己生病也不例外吗？

10. 小时候，你经常帮忙做家务吗？

11. 自己犯了错，你会负责任吗？

12. 在求学时代，你经常交作业吗？

13. 碰到困难的事情，你会知难而进吗？

14. 对于自己不愿意做的事情，你会负责任吗？

15. 犯错的时候，你会为自己负责任吗？

评分标准：

选择"是"得1分，选择"否"得0分。

答案：

分数为10～15：你是个非常有责任感的人，你行事谨慎，诚实可靠，做事有始有终。

分数为5～9：大多数情况下，你都很有责任感，只是偶尔也有些逃避，考虑得不是很周到，应对困难的心理准备不足。

分数在4分以下：你是个极度缺乏恒心和毅力、完全不负责任的人，你有很多的理想和计划，但是一遇到困难，你首先想到的就是逃避、退缩，你一次又一次地逃避责任，如果不改变，你今生将与成功无缘。

测测你的胆商有多高

胆商是指一个人胆量、胆识、胆略的大小，体现了冒险精神和承担风险的能力。胆商高的人更能够把握机会取得成功。无论什么时代，一个人如果没有敢于承担风险的勇气，没有雷厉风行的作风，任何时候都成不了大事。

测试一：

从第一题开始回答，选出你较喜欢的选项，再依指示前往下一题继续回答。箭头表示转向，数字表示题号。

1. 你是否喜欢游泳？

    不喜欢，其实我有一点怕水 → 2

    喜欢，游泳是唯一让全身都有运动到的运动 → 3

2. 如果你必须找人问路，你会选择？

    同性或是老一辈的人来问路 → 4

    不会特定，或是找长相好的异性来问路 → 5

3. 如果你正要出门，碰巧遇到大风雨，你会？

    还是出门 → 4

    算了，干脆等雨停了再出去好了 → 7

4. 天气实在太热了，这时一瓶清凉的饮料出现在你面前，你会？

    当然是一口气把它喝完 → 8

    还是慢慢喝，总有喝完的时候 → 6

5. 如果不小心，你遇到一场血淋淋的车祸，你可能？

    会有点不舒服，可是还是会继续看 → 6

    会感觉恶心，转头就走，不会看下去 → 7

6. 如果经济能力许可，你会选择怎样的穿着？

   会买好一点的衣服，但不会刻意追求名牌 → 9

   应该会买名牌，那毕竟质感好且较有保障 → 10

7. 你是否有常常忘记钥匙放在哪儿或忘了拿的习惯？

   有，感觉次数还不少 → 9

   几乎很少，平时多会特别留意 → 11

8. 你是否曾经为了偶像有了恋情而难过不已？

   心真的很痛，没想到他/她竟然就这么被"抢"走了 → 9

   还好，一开始就知道彼此不可能，影响应该不会太大 → 10

9. 你自己本身是否有美术天分呢？

   没有，不是美术白痴就不错了 → A 型

   有，虽然没受过训练，但总觉得有那样一种美感 → 10

10. 你看电视时，是否很容易就跟着入戏？

    是啊，明知道是假的却还是哭得稀里哗啦的 → C 型

    还好，要感动我的戏其实并不多 → 11

11. 独自一个人住在外面，你在家里会穿什么样的衣服呢？

    反正没人知道，什么样的衣服都无所谓 → B 型

    不会太随便，还是会维持一下形象 → D 型

答案：

A 型：很小心的人。

你是一个很小心的人，事事谨慎的你在做决定的时候会仔细评

估，结果就是因为想太多了，连该做的事都没去做，这样子的你冲动指数不高，受人影响的指数却不低，所以极有可能会在旁人怂恿下做出意想不到的事。

B 型：外冷内热的人。

你是一个外冷内热的人，你在与不认识的人相识之初，会让人有一种严肃感，但一旦认为对方可以信任的时候，你甚至会将家中私事告诉对方。小心喔，这种"熟悉就会让你变得冲动"的性格可能会让你受骗上当。

C 型：活泼、开朗、阳光的人。

你是一个活泼开朗的阳光型人物，拥有乐于助人的个性。由于你常常会在不知不觉中将一些不该说的话脱口而出，久而久之，朋友们会认为你挺冲动的，其实你也挺无辜，只不过还是守口如瓶比较好喔！

D 型：很善于思考的人。

你是一个很善于思考的人，你的言行举止都是经过思考的，即使有人想要陷害你也很难。这样的你，冲动指数非常低，是个值得信赖的朋友，不过，防御心强的你看起来朋友虽然很多，却比较缺少谈心的对象。

测试二：

1. 你认为一个人事业的成功，主要取决于：

A. 命运与机遇

B．两样都有

C．自身奋斗

2．对于自己的失败，你会认为是：

A．耻辱和挫折

B．一个教训

C．只是成功前的演习

3．当得知自己的竞争对手比自己强时，你会：

A．另选一个目标

B．当作不知道

C．立誓要超过他

4．对于理想的生活目标，你认为：

A．和大家差不多就行

B．生活过得比周围人幸福就行

C．一定要实现自己设定的目标

5．当生活或工作中遇到困难时，你会：

A．干脆逃避

B．多求助于他人

C．想办法解决，迎难而上

6．你最喜欢哪一种旅游方式？

A．陪远方来的朋友观赏身边的景点

B．选择跟旅游团到心仪的地方旅游

C. 新奇刺激、充满挑战的探险旅游

7. 你认为自己能胜任这个职位，接下来你会怎么做？

    A. 等待公司老总"钦点"

    B. 委婉地跟老总自荐

    C. 积极争取，当仁不让

8. 一天深夜，你独自一人回家，在路上遭遇一个劫匪，你会怎么做？

    A. 自认倒霉，保命要紧，把钱财都给他

    B. 巧妙与之周旋

    C. 选择时机将他制服

9. 跟旅游团旅行时遇到了地震，你会怎么做？

    A. 悲观至极，认为这次彻底完了

    B. 等待救援

    C. 用以往知道的遇险自救常识，选择合理逃生

10. 遇到人生接踵而至的打击后，你会：

    A. 灰心丧气

    B. 选择找别人依靠

    C. 理智地处理各种不幸，直面打击

测试结果：计分标准：A：1分；B：2分；C：4分。

答案：

总分31~40分：胆商极高。心中有远大目标，为理想能坚持不

懈，遇到困难也不容易退缩，有极强的冒险精神和成功欲望。值得注意的是，你在做任何事情的时候，需要多考虑一下，三思而后行，这样可避免莽撞带来的不良后果；

总分 20 ~ 30 分：胆商一般。胆识相对还算不错，不过遇到困难时容易犹豫。心中虽然渴望成功，但缺乏成功的野心，喜欢做较为稳妥的事情；

总分 19 分以下：胆商较低。习惯安于现状，不愿接受新事物，遇事总是选择逃避，不敢接受挑战，更不愿承担风险。